手绘服装技法

善本出版有限公司 编著

华中科技大学出版社
http://www.hustp.com
中国·武汉

图书在版编目（CIP）数据

手绘服装技法／善本出版有限公司编著 . － 武汉 ：华中科技大学出版社，2018.7

ISBN 978-7-5680-4183-6

Ⅰ．①手… Ⅱ．①善… Ⅲ．①服装设计－绘画技法　Ⅳ．① TS941.28

中国版本图书馆 CIP 数据核字 (2018) 第 118719 号

手绘服装技法
Shouhui Fuzhuang Jifa

善本出版有限公司　编著

出版发行：华中科技大学出版社（中国·武汉）	电话：	（027）81321913
武汉市东湖新技术开发区华工科技园	邮编：	430223

策划编辑：段园园 林诗健	执行编辑：林秋枚	装帧设计：欧小钰	责任监印：陈 挺
责任编辑：熊 纯 何明明	翻　译：何明明	设计指导：林诗健	责任校对：何明明

印　　刷：佛山市华禹彩印有限公司

开　　本：889 mm×1194 mm　1/16

印　　张：16

字　　数：128 千字

版　　次：2018 年 7 月第 1 版　第 1 次印刷

定　　价：268.00 元

投稿热线：13710226636　　duanyy@hustp.com

本书若有印装质量问题，请向出版社营销中心调换

全国免费服务热线：400-6679-118 竭诚为您服务

前言

作为一个活跃在时装绘画行业里的时装插画师和绘画讲师，我有很多心得想与读者们分享。首先很荣幸能参与本书的组稿，本书重点展示时装手绘效果图的详细步骤等知识，可以帮助读者们自行学习如何绘画时装手绘效果图。

以我多年为时装杂志供稿、为时装秀的宣传推广而进行主题绘画积累下来的经验来看，我认为画时装手绘效果图的时候最重要一点是理解人体。了解人体结构才能画出准确的草稿。接下来，绘者可以夸张地上色绘图，让它变成充满个人见解、戏剧化和饱含个性的效果图，这是摄影技术无法表现的独特效果。

翻阅这本华丽的书，它所承载的内容远不止那些漂亮的时装手绘图。本书会成为读者的灵感来源，还能让读者获取时装手绘的大量基础知识，让读者们通过学习与练习成为专业的服装设计师或时装手绘者。看完这些精彩作品之后，各位就应该开始多花时间进行实践。为了达到自身对成品图的要求，不同人所需的时间也不同，请大家不要担心自己画得不好，先耐心地从基础学起——人体结构、布料表现、色彩含义和笔触表现等知识内容。掌握这些基本功之后，就可以运用不同的工具和方式来表现布料质地和绘制时装。

开始阅读吧，享受阅读的同时从中学习！

eleen

a.k.a Miss Eleen

目录

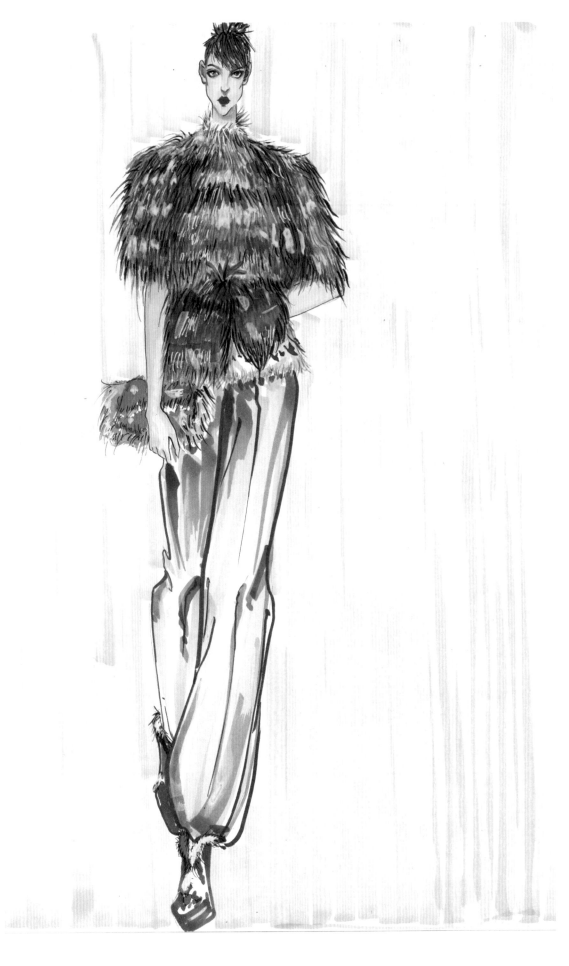

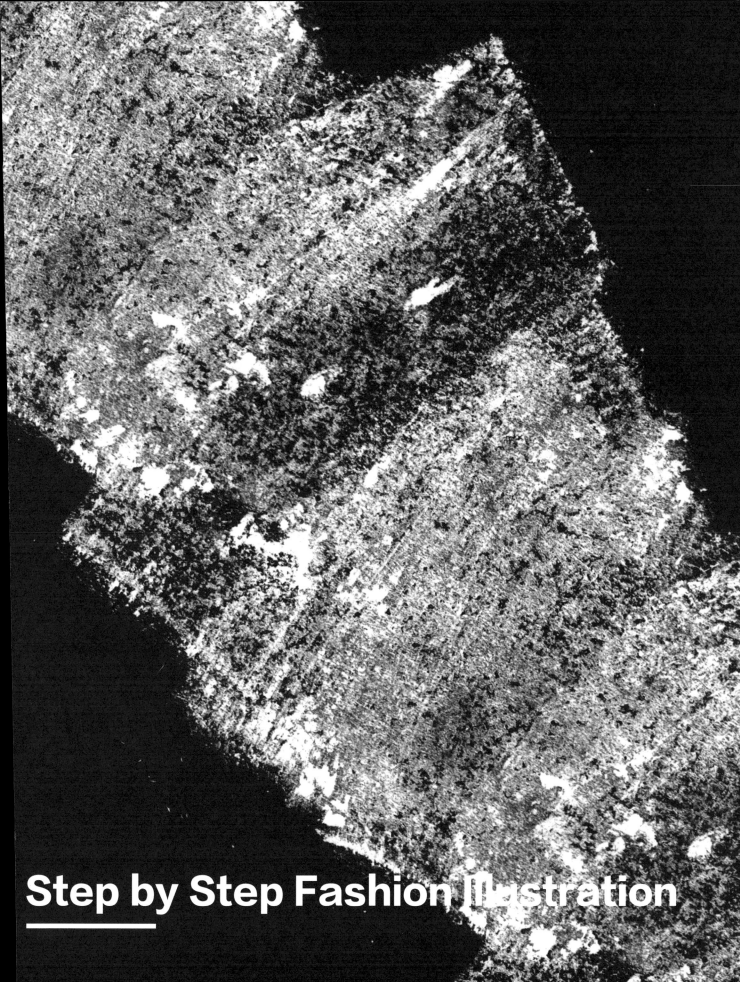

Step by Step Fashion Illustration

"

工具介绍

An Introduction to Painting Tools

——

"

铅笔　Pencil

铅笔可分为自动铅笔、免削铅笔和纸卷铅笔等，其中铅笔的笔芯主要成分是石墨和黏土，它们的配比不同得到不同的软硬度，分别用 H（硬）和 B（软）来表示。笔芯越硬，画出的线条越虚越浅；笔芯越软，画出的线条越粗越浓。服装手绘需要用笔芯较硬的铅笔来勾勒人物与服装的轮廓，因此常用 HB、2B 或 3B 的铅笔。

彩铅　Colored Pencil

彩铅色彩丰富，分油性和水溶性两种。油性彩铅能将颜色表达得更细腻，适合描画丰富的细节，色彩种类多达 500 色；水溶性彩铅则更清雅，能打造水彩画效果，最多 120 色，相对而言色彩种类较少，需配合画笔蘸水使用。

水彩画工具　Watercolor Kit

水彩颜料分为固体水彩与软性颜料（多见丙烯颜料）。水彩颜色饱和度高，纯净明亮，透明感突出，但遮盖力弱，颜色如果混合过多会导致颜色变脏或暗沉，最好不要用超过三种颜色进行混合调色。水彩画笔依据笔尖形状分为尖头、平头和扇形三种。画笔毛质一般分为人造尼龙毛和动物毛，动物毛质地柔软、弹性好，是不错的画笔选择。

马克笔　Marker Pen

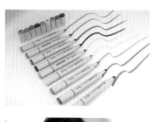

马克笔又称麦克笔，是一种书写或绘画专用的绘图彩色笔，笔尖有单头和双头、尖头和粗头之分；笔的墨水分为水性、油性、酒精性三种。水性马克笔的笔触感强，不容易渗透纸张；酒精性质马克笔的笔触与笔触融合自然，挥发性很强，因此画面干燥速度快。作为服装设计师最主要的绘图工具之一，通常用于手绘上色，表现布料颜色和布料质地。双头马克笔的圆头一般用来描绘细节，斜头用于大面积润色或利用其侧峰画出或粗或细的线条。马克笔中日本的 COPIC 牌是最贵的一种，表现效果也最好，比较常见的有 SANFORD 牌、TOUCH 牌、德国天鹅牌等。

橡皮　Eraser

现在有很多不同大小，颜色各异的橡皮可以选择，最常用的是用于大面积擦除的白塑料橡皮和经典的粉橡皮，还有用于小面积擦除的可塑软性橡皮和笔式橡皮。

尺子　Ruler

服装设计用的尺子除了有直尺、半圆尺和三角尺外，还有便于画领窝、裆弯的弧线尺。

纸张　Paper

选择画服装手绘的纸张种类取决于作画工具。起稿时可以使用铅笔在马克纸或描图纸上进行绘画，它们较薄，便于描图；草稿转移到铜版纸或卡纸上时，用马克笔进行上色，较厚的纸张能更好地吸收马克笔的墨水，能让作品整体更加完美；如果是用水彩上色则应选择水彩纸。另外，马克笔在牛皮纸上待干的时间较马克纸长，但会呈现不同的视觉效果，需要特别效果时可以考虑采用牛皮纸。

高光涂白笔　Highlight Pen

高光涂白笔是在美术创作中提高画面局部亮度的好工具。笔的覆盖力强，在服装手绘时描绘高光或特殊服饰材料时尤为必要，适度的给以高光会使服饰更加逼真。除此之外，高光笔还适用于绘制布料花纹。

"

人体结构

Body Structure

———

"

男性模特人体结构

①

用 30cm 的直尺画出如图所示的九个长条格，每格的宽度为 3cm，总共 27cm。

②

第一个格子为头顶到下颌的长度（不包括头发的蓬松度），头的宽度为 2cm。第二个格子的 1/2 处为颈窝的位置，肩宽 5cm（不包括手臂的宽度），宽于 2 个头宽。腰的宽度是 3cm，宽于头部。下档线的宽度为 4cm，略窄于肩宽。男性人体的腰线和下档线低于女性人体。

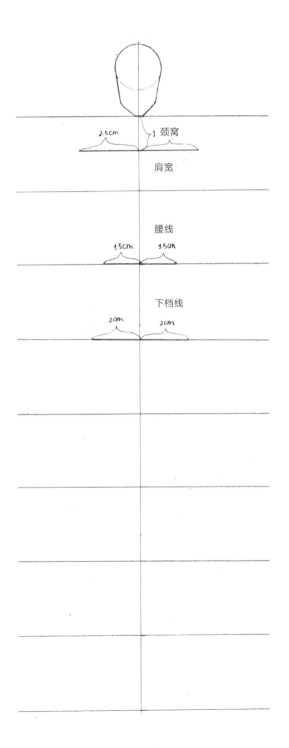

③

把头的上部分看作一个圆形，描绘出头部的形状。男性人体的颈部宽于女性人体颈部。把关节处看成圆形，画圈来初步确定各个关节的分布位置。

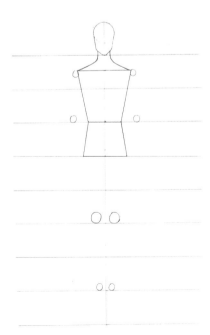

④

画出大腿的形状。

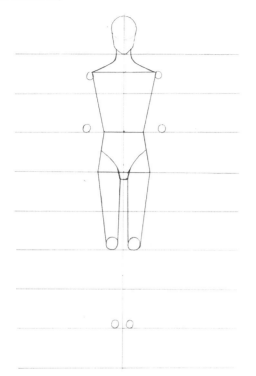

⑤

画出小腿的外侧轮廓线。

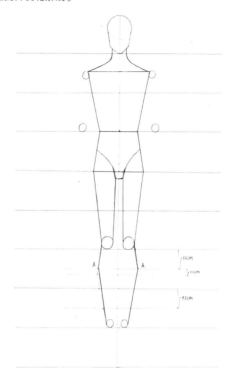

⑥

画出小腿的内侧轮廓线。

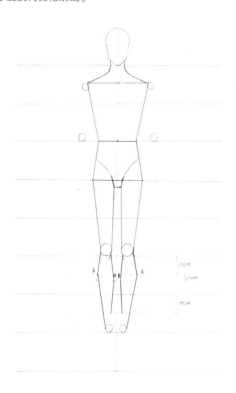

⑦

完成小腿、脚和上臂的绘制。

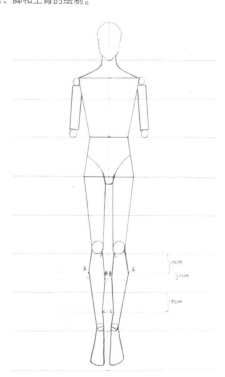

把小臂当作由两个梯形组成的形状，画出小臂。

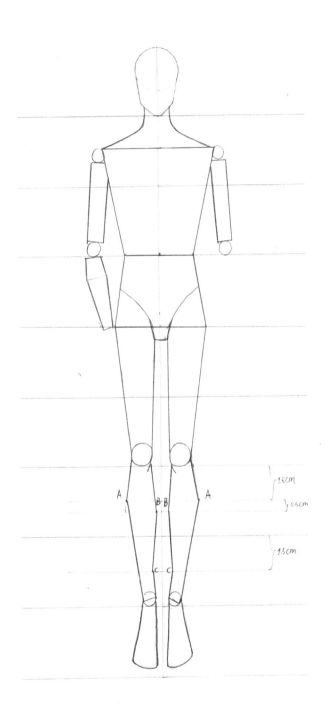

把手看成菱形，画出手的形状。

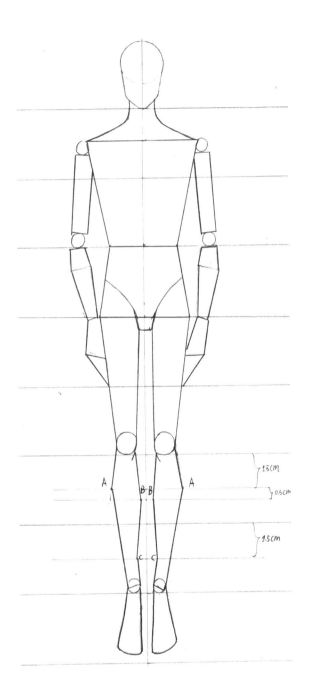

女性模特人体结构

①

用 30cm 的直尺画出如图所示的九个长条格，每格的宽度为 3cm，总共 27cm。

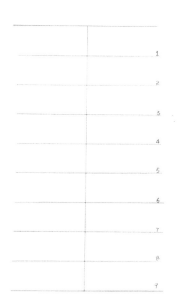

②

第一个格子为头顶到下颌的长度（不包括头发的蓬松度），头的宽度为 2cm。第二个格子的 1/2 处为颈窝的位置，肩宽 5cm（不包括手臂的宽度），宽于 2 个头宽。腰的宽度是 3cm，宽于头部。下裆线的宽度为 4cm，略窄于肩宽。女性人体的腰线和下裆线高于男性人体。

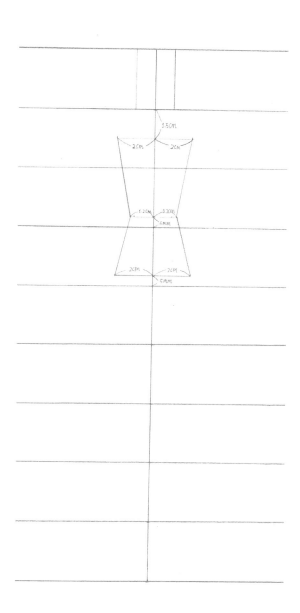

③

把头的上部分看作一个圆形，描绘出头部的形状。女性人体的颈部窄于男性人体。把关节处看成圆形，并确定各个位置。

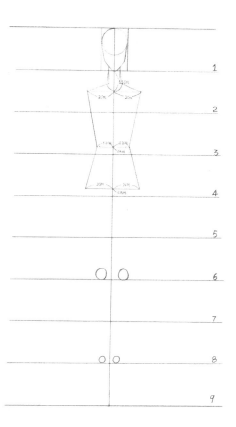

画出大腿的形状。

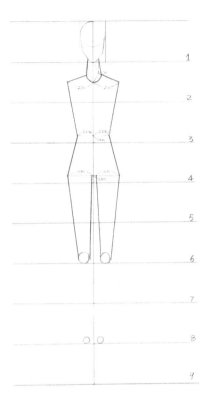

画出小腿以及脚的形状。

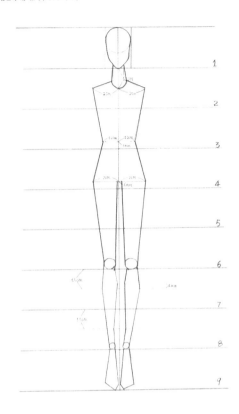

确定肩关节以及肘关节的位置。

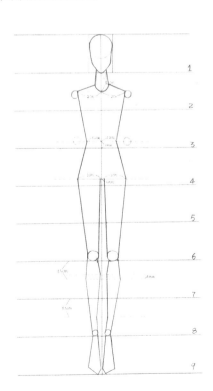

完成小腿、脚和上臂的绘制。

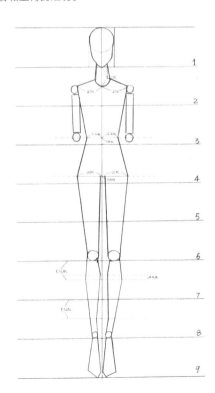

把小臂看成由两个梯形组成的形状，画出小臂。

把手看成菱形，画出其形状。

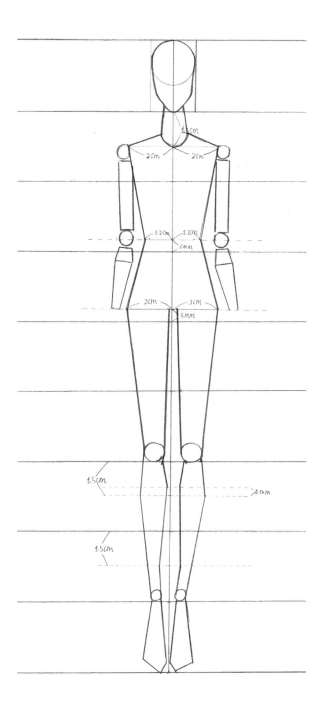

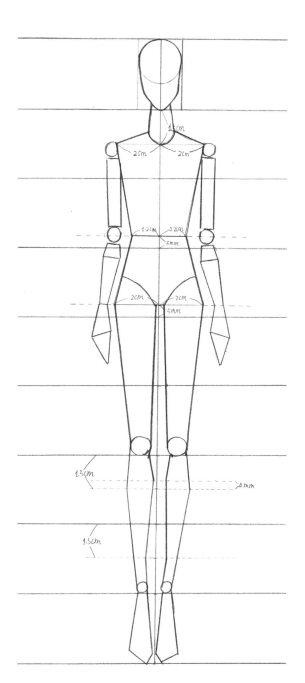

人体结构表现

头部 Head

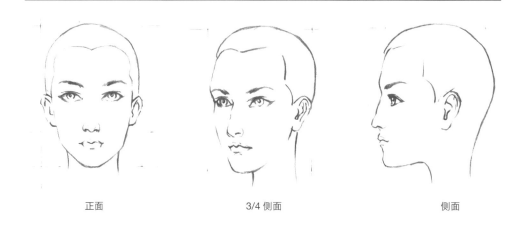

正面　　　　　　　　3/4 侧面　　　　　　　　侧面

面部五官 Five Senses

眼睛

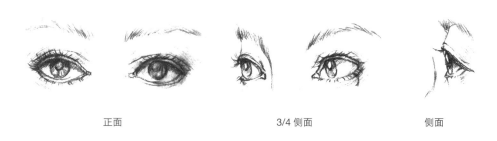

正面　　　　　　　　3/4 侧面　　　　　　　　侧面

鼻子

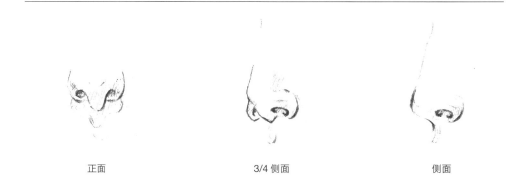

正面　　　　　　　　3/4 侧面　　　　　　　　侧面

耳朵

正面　　　　　　　　3/4 侧面　　　　　　　　侧面

嘴唇

正面   3/4 侧面   侧面

四肢的摆放姿势
The Pose of Arms and Legs

手部

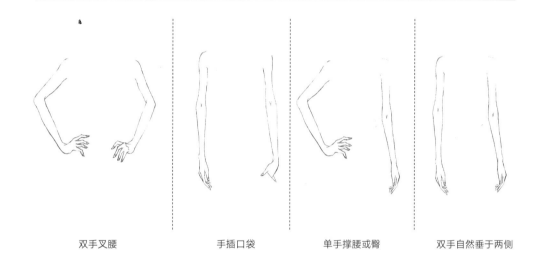

双手叉腰   手插口袋   单手撑腰或臀   双手自然垂于两侧

脚部

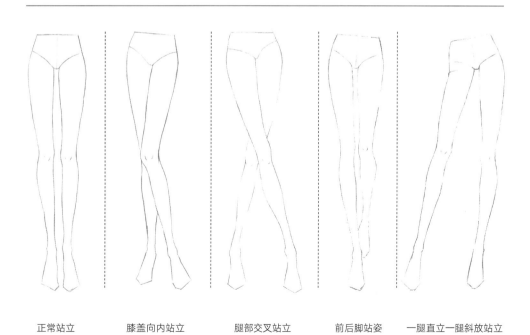

正常站立   膝盖向内站立   腿部交叉站立   前后脚站姿   一腿直立一腿斜放站立

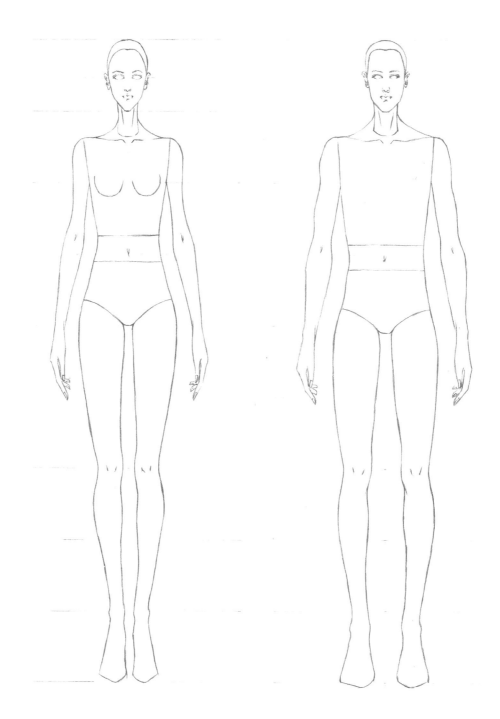

普通站姿

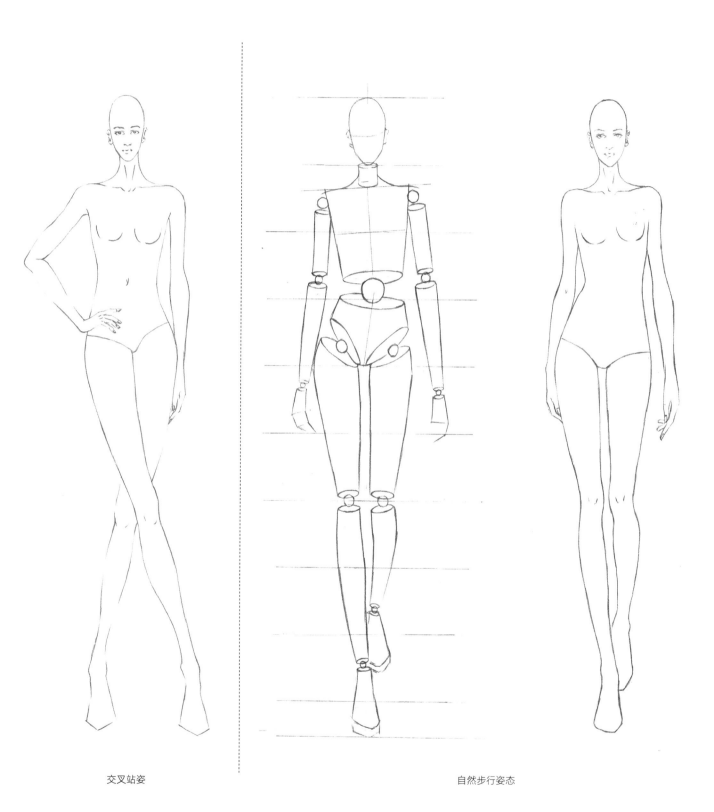

交叉站姿   自然步行姿态

3

> **绘画技巧**
>
> Drawing Techniques
>
> ——

平铺填充

马克笔的笔尖粗细不一，其中楔形笔尖适合大面积平铺涂画。而不同方向的定向平铺会呈现不一样的布料质感，例如需要突出垂坠感的布料适合水平方向填充颜色。

叠色

酒精性马克笔可以用同类色色彩进行叠色，形成渐变的效果；不同颜色的色彩叠加在一起也能自然混合，从深到浅地排列即可。马克笔的叠色需要注意，不能在一个地方过多的反复涂色，会显得脏，需要适当控制叠加的次数尤其是人体面部区域。

留白

留白技法是马克笔技法一个很核心的内容，可以使物体有较强的质感与视觉冲击力。头发、服装的亮部和阴影处的反光，鞋、珠宝和皮肤都需要对留白有深入的了解与掌握。金属的画法最主要是运用留白技巧，不规则的留白可以使金属更充满反光质感。暗部与亮部的色阶要拉大。

彩铅 Colored Pencil

平铺填充

将彩铅的笔锋侧放与纸面可以快速铺涂上大面积的颜色，注意绘画方向对布料材质表现的影响。

晕染 / 水溶

水性彩色铅笔具有亲水性，加水之后可以表现出水彩的效果。无论是平铺还是叠加，都有不错的效果。

彩铅 & 马克笔

Colored Pencil & Marker Pen

彩铅与马克笔叠加后，色彩表达得更加饱满。与马克笔色彩重叠的地方看得见彩铅的线条，有助于表达服装布料的材质。

彩铅 Colored Pencil

66

布料表现

Textures of Fabric

———

99

雪纺 Chiffon

● 突出透明的质感。

实物

手绘

雪纺是一种轻质、透明且肌理简单的丝织面料，摸起来有粗糙的手感，其中文名字来源于英文单词"Chiffon"。通常以纯丝或合成纤长丝作为原材料，多数用于制作裙子和宽松的上衣。绘画时要注意因纱及雪纺类面料质地轻薄，需用浅色表现，然后画出衣褶走势及暗部。

丝绸 Silk

● 注意面料反光情况。

实物

手绘

丝是天然的蛋白质纤维，用长丝纤维纺织而成的面料称为丝绸，由于长丝纤维有人造与蚕丝之分，因此蚕丝为原料的丝绸又叫"真丝绸"。这种面料富有光泽且手感顺滑、质薄，多用于制作裙子、春夏上衣或高雅礼服。绘画时要注意丝绸因表面光泽需遵循先画亮部再画中间色，最后画暗部的原则，画出丝绸的光泽感。

皮草 Fur

● 突出毛皮的层次感和蓬松感。

实物

皮草是用动物毛皮制成的面料，由于原料难得，所以皮草普遍价格高昂，适合高消费人群。狐狸、貂、貉子、獭兔和牛羊等毛皮兽动物，都是皮草原料的主要来源。除动物皮草外，还有人造毛皮（Man-made Fur），人造毛皮虽然不及动物毛皮保暖，但价廉且美观，可模仿多种动物毛皮纹样。

手绘

蕾丝 Lace

● 注意纹样的精细刻画。

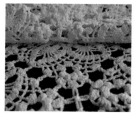
实物

蕾丝是一种由纱或线编织而成的网孔状面料，早期原料是亚麻、丝线、金银细线等，现在通常使用棉线或合成纤维。多用于制作花边，应用于领口、袖口、衣物下摆等，有时会大面积运用在女装中。绘画时要注意深色蕾丝先铺出底色再勾画出蕾丝纹路，浅色蕾丝先画出暗部再留出亮部。

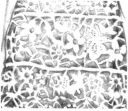
手绘

牛仔布 Denim

● 突出水洗效果受光面。

实物

牛仔布是一种较粗厚的色织经面斜纹棉布。经纱颜色的深浅决定牛仔布颜色的深浅，经纱色深则多为蓝色系牛仔布，经纱色浅则为浅灰色或本白色牛仔布。多用于制作下装、外套和背包等。绘画时要注意牛仔面料的绗缝线处深浅不一及牛仔纹路。

手绘

花布 Calico Cloth

● 注意印花随着褶皱产生的变形与明暗变化。

实物

花布有两种，一种是由未漂白或未处理的有色棉线所织成，它比纱质面料要厚，但比帆布和牛仔布面料要薄。另一种是在棉质布料上，进行印染，也叫印花布，将颜色或图样通过印染的形式转移到布料上。绘画时要注意起稿时需先勾勒出花纹，再塑造出图案。

手绘

针织布料　Knitted Fabric

● 注意布料自身的纹路。

实物

手绘

针织布料是针织的产物，它由纱线编织而成，编织密度大，与毛线纺织布料在外观上有明显区别。细密的编织结构使针织布料可以更灵活地被应用到不同类型的服装绘制中。绘画时需依照针织面料的织法画出针织的纹理。

西服布料　Suit Fabric

● 整体挺括感强。

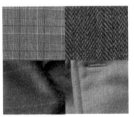

实物

手绘

西服布料最经典的就是羊毛面料，适合上班等正式场合。还有夏天轻质的热带专制羊毛面料，可以让皮肤在高温季节也自由呼吸。灯芯绒、法兰绒、粗花呢和格子花等都是西装面料的常见品种。绘画西装挺括的造型时需要注意这些面料的厚度与质感。

"

色彩的意义

The meaning of Color

——

"

黑色 Black

神秘、黑暗、死亡、邪恶、权力、礼节

黑色也被称为无彩色，它不可反光，用多种颜色混合使其光反射率降低后，光会消亡在黑色的区域中，人眼看到的颜色也会是黑色。黑与白是绝对相反的颜色，黑色在中国古代的秦朝曾经是君主最推崇的颜色，因此它除了有神秘、黑暗、死亡、邪恶的含义外，还代表着高贵、权力和礼节。黑色的服饰有干练利落和专业的感觉，所以不少礼服与正装都选择了黑色，显得端庄稳重。

白色 White

纯洁、无垢、洗练

白色也被称为无彩色，与黑色相反，它可以反射所有波长的光线，因此有纯洁、无垢的含义。在西方，白色有积极的意义，多见于教堂及婚礼的主题配色，西方神话中的天使也常以白衣的形象出现在艺术作品中；在东方，白色还包含消极的意义，办丧事的时候会用上白色，它代表着灵魂归于空无，妖怪传说中则有冤死的白衣女鬼和白无常等形象出现。现在，医院制服常用白色作为主色调，纯白的服饰传达出简洁洗练、诚信可靠的感觉。

灰色 Gray

中性、低调、不确定、冷漠

灰色是黑色和白色中间的过渡色。灰色让人联想到燃烧过后的灰烬、环境污染的雾霾或是灰色的野狼、野兔。灰色很容易与环境相融，它的搭配性强，做主色调也有低调神秘的味道。由于颜色的特性，灰色衣物弄脏之后不易看出，因此经常被运用到休闲服装中。

红色 Red

活泼、积极、热情、爽快

红色是三原色之一。在不同的文化背景下，红色具有不同的含义。东方人会用红色来庆祝喜事，西方人却用红色来代表危险和警示。因为古代红色染料难以获得，红色的服装或用红色装饰都成为奢华的标志。现代服饰中出现的红色，常代表着活泼、积极、热情、爽快、名誉等意义，它能让受众的视觉受到强烈的刺激。

橙色 Orange

外向、活泼、自信、愉悦

橙色混合了红色与黄色，是间色。它与落日的颜色相似，有一种浪漫休闲的含义，还很容易让人联想到阳光、花卉或成熟的果实。服装中使用橙色可代表外向、活泼、自信与愉悦，它与强烈的红色相比更为温和，与跳跃的黄色相比更为娴静。

黄色 Yellow

快乐、明亮、乐观、幸福

黄色是三原色之一，也是反射率最高的颜色。黄色会让人想起财富与权力，在古代历来受贵族所喜爱，黄色的服饰和黄金配饰只有贵族才能使用。在战争时期黄色丝带还代表等待与希望，因此黄色有快乐、明亮、乐观、幸福等含义。如果将黄色加入其他颜色混合出土黄色的话，浑浊的颜色会让人想起混乱、疾病，服饰手绘上使用黄色要注意其明度与纯度。

绿色 Green

生命、新生、平静、环保

绿色混合了黄色与蓝色，是间色。大自然中最常出现的颜色就是绿色，因此绿色象征着自然与生机。从生理学的角度上看，人用眼睛看绿色物体时会感到舒适，因为绿色被折射后会在视网膜前方成像，眼球处于调节放松的阶段。绿色除了代表生命、新生和平静之外，近年来还有了新的含义——环保。绿色和白色或浅蓝色搭配的话，会产生很均衡的视觉色彩，让人感到安静平和。

青色 Cyan

年轻、活泼、精神

青色混合了蓝色和绿色，因此又称蓝绿色，它是间色。在中国的五行学说（"金""木""水""火""土"为五行）中，青色象征着"木"；在中国文化中有"新生""年轻"等含义，在日本文化中也有相似意义。青色非常亮眼，在时装设计中常运用于较动感或活泼的主题中。

蓝色 Blue

中性、低调、不确定、冷漠

蓝色是三原色之一。我们所居住的星球因其海洋覆盖面大，也被称为蓝色的星球。湛蓝的天空与蔚蓝的大海，给人以宁静的感觉。蓝色有冷静、清爽、整洁和舒适等含义，浅蓝看起来温柔闲适，深蓝则显得有效率和权威，工作制服经常使用蓝色。

紫色 Violet and Purple

神秘莫测、高贵典雅、成熟

紫色混合了红色与蓝色，是间色。古时候的西方，宗教与神话相关的人物都有身着紫色服饰的记录。相传在特洛伊战争中，埃阿斯流的血长出了具有神秘力量的紫罗兰（violet），如今，紫色仍然有神秘莫测、高贵典雅和成熟的含义。浅色调的紫色对人有镇静舒缓的作用，如果和白色组合会显得更加清爽。

棕色 Brown

典雅、平和、简朴、勤恳

棕色混合了三种原色，是三次色。树木、土壤等自然界的棕色，给人沉稳、包容友好的感觉，实际上棕色含有典雅、平和、简朴和勤恳的意义。很多材料原来的颜色就是棕色系，因此普通民众的服饰或用品很多都是深浅不一的棕色，棕色的服饰还比较耐脏。

粉红 Pink

魅力、温柔、甜美、童年、女性气质、浪漫

粉红色是一种淡红色，以同名花朵命名。它在 17 世纪后期首次被用作颜色名称。根据欧洲及美国的调查，粉红色经常与很多美好浪漫的词语联系在一起，让人心情愉悦。常用于儿童和女性服装设计中。

手绘效果图详解

Step-by-Step Tutorial

RED LEATHER SKIRT

● **工具**

90g/m² 打印纸
KOH-I-NOOR 牌铅笔
旗牌雅丽油漆笔
Kuretake ZIG Art & Graphic 牌双头马克笔
温莎牛顿牌水彩颜料和画笔

● **小贴士**

· 绘画亮面材质一直是挑战，要提高绘画技能的最好办法是多练习，多尝试不同的工具，例如水彩、蜡笔和马克笔。

色调: □ ■ ■

先画出较粗略的铅笔草图（尝试模仿自然的人体姿势），再画出服装轮廓和褶皱的线条。

用笔勾画出模特肢体较暗的部分，留出高光的部分不勾线。

3

用水彩为裙子初步上色。稍微画一下反光的区域，下一步再加强，
并在腰部画上黑色的腰带。

4

在裙子的上部添加波点图案作为花纹。

5

深入刻画布料，用水彩为裙子添上反光来增加皮质的质感。

6

为红色高跟凉鞋上色。

填涂肤色，加强明暗关系的对比，让肤色呈现出自然光照下的光影感。

添加模特的唇色，并做最后的调整。

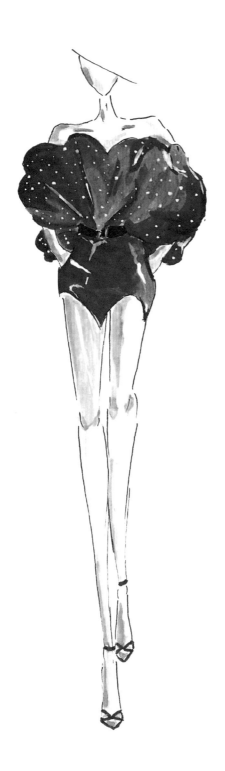

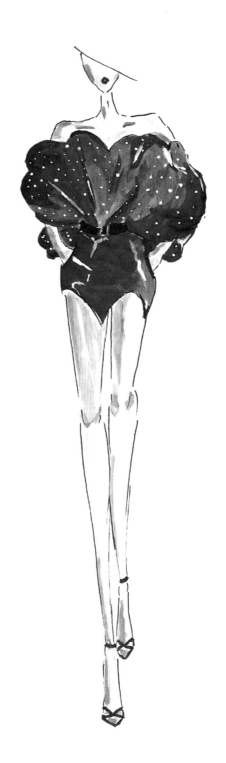

COCOON COAT

● **工具**

雪山牌 A4 纸
0.3mm 自动铅笔
0.5mm 自动铅笔
003 针管笔
马克笔

● **小贴士**

• 在马克笔绘图中，可以按由浅到深的顺序来着色，注意画面留白。

色调：■ ■ ■

1

用 0.5mm 自动铅笔在头顶与脚底各定一个点连接成线，总长约 27cm。画出 10 头身比例的模特，其头部应占身长 2.7cm。在起形的时候，笔触要轻，拉出长线条，切忌断断续续的小笔触。

2

确定形体比例无误的情况下，再用 0.5mm 自动铅笔画出头部和大衣上的百褶，若自己对人体动态比例的绘画尚不熟练，请务必利用直尺来做辅助判断。

3

擦掉辅助线，留下明确的轮廓线并再次审核整体重心是否正确。清晰刻画出头部、大衣和包包等部分，五官部分使用 0.3mm 自动铅笔深入刻画。

4

用 27# 号肉粉色和 107# 号浅橘红色的马克笔铺涂裸露的皮肤。

5

用 103# 号红棕色和 95# 号棕色的马克笔为头发上色，用 BG1# 浅
灰色和 BG5# 青灰色的马克笔为大衣上色。

6

使用 003 针管笔刻画眉毛和眼线，如果自身基础比较弱可以用油性
彩铅黑色代替针管笔进行刻画。

用 BG7# 号深灰色铺出大衣基色，笔触方向按褶皱走向进行，并用 BG9# 号更深一度的深灰色把暗部拉出，笔触要轻快利落，切勿停顿，同时还要注意留白。

大衣的色号与鞋子和手套的一样，眼部用橘红色彩铅画出眼影，毛领应该用黑色马克笔把暗部压下去，并用小号小楷笔勾勒出边缘的毛领线条。

沿着外轮廓用中号小楷笔把廓形勾画一遍，注意笔触应有紧有松，有粗有细；头发用棕色
和黑色针管笔刻画几根发丝，用高光笔勾画毛领、包包以及大衣上亮部。

JUMPSUITS

● **工具**

雪山牌 A4 纸
0.3mm 自动铅笔
0.5mm 自动铅笔
0.7mm 自动铅笔
003 针管笔
马克笔
小楷笔

● **小贴士**

• 所有的动态都离不开重心线，重心线的起点以锁骨窝为准，重心抓好，姿态才稳。

色调：□■

用 0.7mm 自动铅笔在头顶与脚底各定一个点连接成线，总长约 27cm。画出 10 头身比例的模特，其头部应占身长 2.7cm。在起形的时候，笔触要轻，拉出长线条，切忌断断续续的小笔触。

用 0.5mm 自动铅笔重点进行形态调整，以锁骨窝为重心点往下画垂直线，勾勒出整体动态。

3

擦掉辅助线等杂线，留下明确的线条，并再次审核整体形态，头部，肩部，手的位置位置要准确。（0.3 自动铅笔刻画五官）

4

用小楷小号勾勒出廓形。

用马克笔 27# 画出裸露的皮肤，可平涂；用马克笔 107# 画出皮肤暗部。用马克笔 96# 细头涂画出头发，用 003 针管笔刻画出眼、眉、鼻头和发丝。画蝴蝶结的时候注意留白。

用 WG2 号暖灰色的马克笔勾画暗部和褶皱部分。

用马克笔 25# 号浅肉色再次加深锁骨部分的颜色，用高光笔提亮蝴蝶结，还要记得勾勒出椅子廓形。

将重心一侧用小楷笔加重廓形，检查画面完整性。

CASUAL WEAR

● 工具

雪山牌 A4 纸
0.7mm 自动铅笔
003 针管笔
马克笔
小楷笔小号、中号

● 小贴士

• 起草的笔画应该流畅，不要断断续续。

色调：□ ■ ▨

用 0.7mm 自动铅笔在头顶与脚底各定一个点连接成线，总长约 27cm。画出 9 头身比例的模特，其头部应占身长 3cm。在起形的时候，笔触轻，拉长线，切忌断断续续的小笔触。

小楷笔小号或 03 针管笔勾出整体轮廓，留出五官。

3

擦掉辅助线，填涂裸露的皮肤部分，用 103# 号浅红棕色的马克笔为指甲上色。

4

用 138# 号浅粉色和 CG1 号浅灰色的马克笔为浅色上衣铺涂阴影部分。

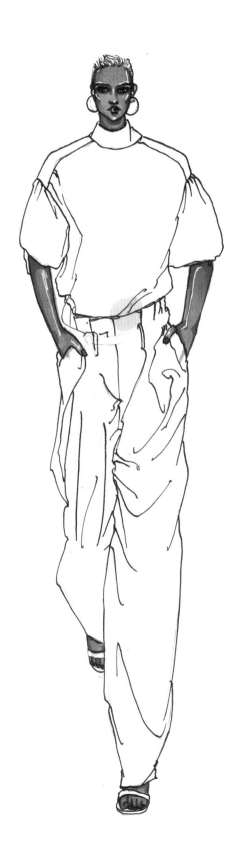

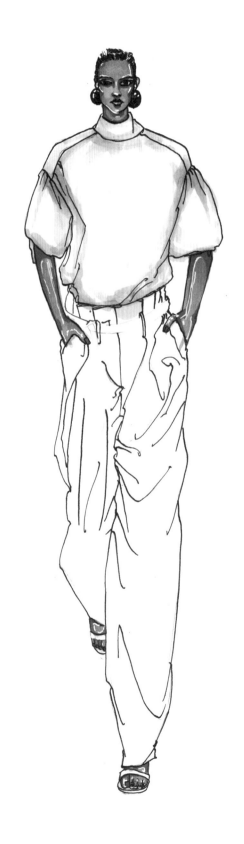

5

先用 100# 号浅褐色为裤子的亮部上色，接着使用 99# 号棕色为裤子的暗部上色，注意留白。与此同时用小楷中号笔为皮带和鞋带上色。

6

用小楷笔中号勾勒裤子褶皱。

用红色针管笔画出上衣细条纹。

小楷笔中号勾画上衣廓形，检查画面完整性，完成。

BLUE DRESS

● 工具

90g/m² 打印纸
KOH-I-NOOR 牌铅笔
旗牌雅丽油漆笔
Kuretake Art&Graphic 牌双头马克笔
温莎牛顿牌水彩颜料和画笔

● 小贴士

● 画时装的时候可以不必巨细无遗，而是把握时装的整体感觉再下笔。
● 如果需要刻画细节，可以在水彩画完之后用马克笔点睛一下。

色调：■ ■ ■ ■

先画出较粗略的铅笔草图，以及服装轮廓和褶皱的线条。

用笔勾画出模特肢体较暗的部分，留出高光的部分不勾线。

铺第一层颜色的时候把布料的褶皱初步表现出来。

用水彩颜料和铅笔画出服装的细节和布料纹路（添加花纹）。

添加上繁复的细节，例如腰带上对比鲜明的花朵。

利用阴影和布料反射光线的状态来绘制腰带和布料褶皱。

填涂肤色，注意明暗关系。

添加模特的唇色。

SUMMER FLOWERS

● **工具**

马克笔专用纸
秀普牌通用 120 色马克笔
辉柏嘉 48 色水性彩铅
慕娜美 36 色水性纤维勾线笔

● **小贴士**

• 上色要循序渐进，切忌一次性上色过深而导致无法修改。

色调：■ ■ ■

无论模特身着何种服饰，首先要考虑的是人体的动态和比例。所以可以先抛开服装，只画好人体。

绘制长款透明连衣长裙时要注意服装的褶皱和位置。铅笔稿不宜下笔过深，否则难以修改。

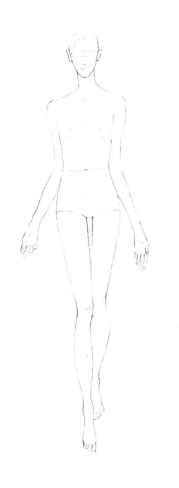

找出身体的受光与背光面，用浅色的彩铅笔（一般使用的是 432 色）给脸部上色打底。因为受光面在正前方，所以主要着色的重点部分是额头两侧、眼窝、鼻底、唇下部、脸与脖子的交界处，其次是身体和四肢的上色。为了突出服装为肉色打底的透明长裙，应该整体添上一层淡淡的肤色。

使用 480 色和 487 色相结合进行眉毛的绘制，注意眉毛形状和眉角斜度的变化。而眼部一定要注意结构，用深棕色在眼睑线上画斜向眼角的眼皮线，在眼睑外侧绘制睫毛。根据眼影的颜色，对眼窝、眼尾、眼袋进行刻画。可以加深眼睑线产生阴影，使眼部有深邃感，加强鼻子底下的阴影部位。用 418 色画唇部，用深棕色加深上嘴唇、唇线和嘴角，可以使用黑色加强中间部分的颜色。模特梳的是向后扎起来的马尾辫，所以是正面只能看到包裹头上部的一些头发，为头发上色时根据头部是球体结构的原理，找好明暗关系做好留白处理，显得头发有光泽和质感。

:

长裙以红色基调为主,是带小碎花配绿叶刺绣图案的透明网纱质服装。因此绘画时先选择浅粉色、淡紫色、朱红色和大红色的马克笔,以点状的着笔方式在相应的位置上画出小碎花的雏形,注意颜色的深浅关系,不要一次性画得过深。用浅灰色马克笔画出裙子的阴影,从而展示整体明暗关系,强调裙子的褶皱部分。用长而流畅的线条轻松画出裙子飘逸的裙摆,线条一定不要画得太死板。

用草绿色、翠绿色和深绿色的马克笔以和画碎花同样的方法绘制树叶图案,根据明暗关系上颜色,注意要留白。然后选用深绿色的慕娜美牌勾线笔勾勒出大体的叶子茎部和根部,不要画得太死,将它们视作点缀从而找好大体位置即可。

7

选用深紫色、酱红色和深粉色的马克笔，以点状着笔的方式加深花卉暗部的绘画，接着用深紫色和深咖色的勾线笔勾勒花卉的形状，画出花蕊和花瓣。用深墨绿色的马克笔加深叶子的暗部，之后用深绿色勾线笔勾勒叶子的形状，画出叶子的茎、根，刻画叶子的纹理。之后用深一度的中灰色马克笔加深对整个裙子的明暗关系处理，腋下以及裙子底部是重点刻画的部分。

8

用更深一度的灰色马克笔加深整体服装的暗部区域，可以用深棕色彩铅适当地加深人体的重点暗部区域。最后用白色高光笔给整体的花卉图案提亮，提高光时要找到花朵的亮部区域，小心点缀，面积不宜过大。

BLACK AND WHITE

● **工具**

马克笔专用纸
秀普牌通用 120 色马克笔
辉柏嘉牌 48 色水性彩铅
慕娜美牌 36 色水性纤维勾线笔

● **小贴士**

- 无论模特身着何种服饰，首先要考虑的是人体的动态和比例。所以可以先抛开服装，只绘画好人体。画的同时要从全局出发，注意人物比例动态的协调性，找准人物的重心和对称性。
- 铅笔稿不用下笔过深，否则不易修改。一定不要着急上色，完美的线稿是一幅好作品的基础。

色调：□ ■

绘制基础的人体线稿。

这是一件黑白刺绣花朵收腰连衣裙，在打线稿时注意裙子位置和宽度，找好服装和人体的比例。

模特的肤色较深，不能一下子画得过重，确定身体的受光面与背光面后，用深肉色的马克笔给脸部平铺打底。光源在正面，所以用浅棕色的马克笔加深绘制额头两侧、眼窝、鼻底和唇下部，还有脸与脖子的交界处。用上肤色的相同原理去为四肢上色，谨记上色要循序渐进，切忌一次性用力过猛而导致无法修改。

模特梳的是偏松散类发型，有很多零散的刘海，所以在分好发群画好头发的明暗关系后，用黑色勾线笔画出零散的碎发。勾勒模特头上带的镶钻发卡的大致形状，并确定它的位置。用浅灰色给连衣裙上底色，大致勾绘出连衣裙中黑色花朵的位置，并用淡棕色把模特上半身和胳膊衬托在衣服下的肤色平铺上色。

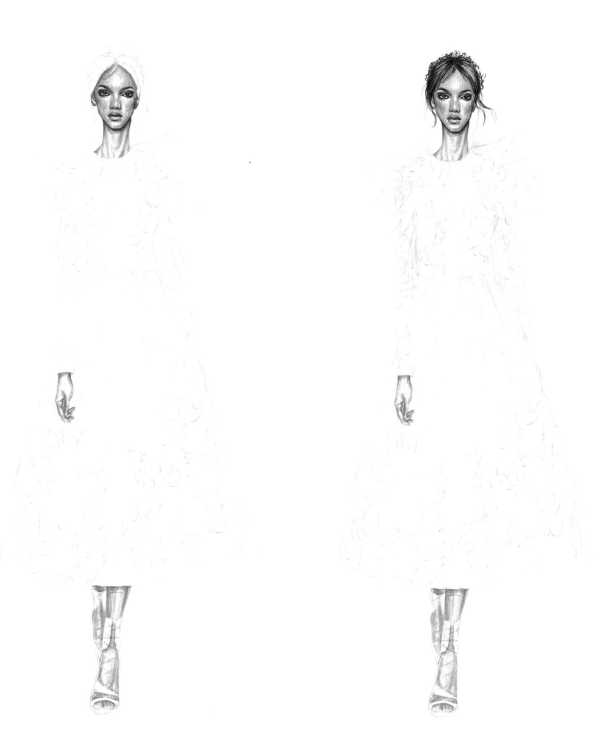

先用黑色勾线笔一一勾勒好裙子上花朵的位置和形状。勾勒时线条不宜画得过实过死。之后选择深一度的中灰色马克笔加深对裙子暗部的刻画。绘画时需多加留意裙子打褶的部位，还有袖子和身体主干交汇处。初步规划好肩膀两侧蓬蓬纱的位置和形状。

根据已经勾勒好的花朵，细致刻画图案。因为这些花朵都是大的蕾丝图案，所以每朵花上都有丰富的肌理变化：镂空和凸起，需仔细刻画。但服装效果图不求画得和实际面料一样真实，突出着装效果更重要。用深灰色进一步加深连衣裙的整体明暗关系。一些高光部位适当留白。

7

用黑色偏粗一点的勾线笔给所有黑色的花朵进行最后的调整，同时用细的灰色勾线笔绘制连衣裙面料的菱形底纹，花纹效果要若隐若现，不宜喧宾夺主。再用更深的灰色马克笔增强整条裙子的明暗关系。腋下、袖子和身体主干的交汇处，以及裙子腰部打褶的部位都要增强明暗对比。用深棕色的马克笔加深裙子上半部分和袖子隐约露出的肤色的明暗关系，加强服装与人体的立体感。

8

系带露趾凉鞋要注意刻画鞋子的绑带，照顾整体的明暗关系，不要忘记描画脚趾。用白色高光笔提亮整体服装的花卉图案，尤其是白色的花朵部分。提高光时要找到花朵的亮部区域，小心点缀，不宜面积过大。

SILK CLOTHING EMBROIDERY

● **工具**

康颂牌梦法儿水彩纸
马利牌 36 色水彩

● **小贴士**

- 首先观察好发型的走向，任何发型无论长短还是直弯，都要分出发群，注意大的明暗关系，不用一根根的画，切忌把头发画的杂乱无章。而头发高光的地方可以适当留白。只把没有受到光源的部分加深，这样的画法会让头发显得有光泽感。

色调：

根据服装画人体比例绘制线稿，注意人物比例动态的协调性，找准人物的重心和照顾整体对称性，确保整体画面的完整性。

找出身体的受光与背光面，用最浅的肉粉色马克笔打底。从最深处开始着色。用最浅色的马克笔绘画皮肤的暗部，循序渐进地上色。面部精细刻画时应注意细节，一般用白色加赭石加少量的黄色调制肤色，可多加水调淡颜色。眼睛部分是面部刻画的重点，一定要注意结构。眼睑线上画斜向眼角的眼皮线，外侧绘制睫毛。用深棕色刻画眼窝、眼尾和眼袋部分。加深眼睑线产生阴影可使眼部有深邃感，鼻子底部的阴影也是重点描绘的区域。

3

绘制头发和发饰时应先观察好发型的走向，分出发群，注意大的明暗关系，不用一根根地描绘，切忌把头发画得杂乱无章。而头发高光的地方可以适当留白。只把没有受到光源的部分加深，这样的画法会让头发显得有光泽感。绘制头饰时，用最细的勾线毛笔蘸取黑色颜料勾勒出树叶的大致走向和位置。然后，用白色加黑色调制灰色画金属树叶的暗部，用淡蓝色和淡赭石点缀树叶的亮部，适当留白。

4

用白色加酞青绿加少许湖蓝调制裙子的主面料颜色，多加水将颜料调至液体状，按照裙子的明暗关系，找到裙褶偏深的地方开始上色。用一支毛笔蘸颜料，另一支毛笔蘸少量水把颜料晕染开来。

根据礼服裙上的图案找好花朵的位置，用白加红调制成淡粉色，以点缀的笔触上色，颜色一定要淡，一层一层地铺色。

在礼服裙的底色铺色完毕之后，分别调制出比基础色深一度的颜色，找到裙子的暗部进一步加深对裙子暗部的处理。用大红色画出花芯和花瓣的阴影部分。并用湖蓝加酞青绿勾勒叶子的形状。

用少量群青加水调制深蓝色柔和地加深裙子整体的明暗对比，注意礼服裙整体的关系，画出礼服裙的膨胀感以及面料的光滑性。最后用深蓝色调整花朵图案的明暗对比，以点状笔触表现图案上点缀的刺绣亮片。

模特佩戴与头饰同款的银色金属树叶宽腰带，绘画方法与头饰的绘制方法相同，用最细的勾线毛笔蘸取黑色勾勒出树叶的大致走向，相同方法勾勒出腰带上的五金扣件。用灰色画金属树叶和腰带的暗部，用淡蓝色和淡赭石点缀树叶和腰带的亮部，适当留白。用银色颜料画细带高跟凉鞋，注意明暗关系。最后用白色颜料给整个画面提亮。

SILENT WINTER

● **工具**

铅笔
马克笔专用纸
秀普牌通用 120 色马克笔

● **小贴士**

• 要表达布料质感时，可以使用点状上色的方式进行绘画。

色调: ◻ ◻ ◼

绘制线稿。人的头部类似蛋形，颈部类似圆柱形，手类似菱形，把握好整体协调性。

皮肤上色以及刻画脸部，用马克笔铺涂了面部底色之后，可以用彩铅和彩色勾线笔进一步刻画。

3

根据外套和外套帽子上的皮草找到浅褐色的马克笔，依然是根据光源从外套最深的部分开始绘制外套的颜色，一般衣物的颈部两侧、领底、腋窝等处都是服饰阴影的重点描绘部分。

毛衣作为针织织物，具有很强的肌理性和起伏感，所以在打底色时最好就用点状的上色方式，从最深的部分上色。不要平铺的一步画完。而对于条绒牛仔裤来说，首先要选择浅蓝色的马克笔打底色，不用先考虑条纹的绘制，只需在裤子的深处根据明暗铺一层底色即可。而皮拖鞋也是同样找到最深处用中灰色铺底色。

在所有的服饰底色铺设完毕之后，可以选择比底色深一度的马克笔加深对服装阴影的绘画。而帽子上的皮草根据皮草的种类不同毛的长短、形状，均有不同。但无论什么品种，都要绘制出皮毛的绒毛蓬松感，根据毛的走向，细致地画出毛的走向，要有体积感。

在绘制外套的时候，主要注意上衣的颈部两侧、领底、腋窝处、兜内部，门襟和其他衣服的汇合处，臂弯处的衣褶以及围绕着手臂的袖口处，这些都是主要加深的重点区域。可以采用深咖色的马克笔逐步加深，仍然不用一次上色过深。而此外套为剪绒面料，可以用同色马克笔以点状的形式体现剪毛的效果。而条纹毛衣在底色已经铺好的基础上，用深色勾线笔描绘毛衣针织纹路的起伏效果。重点注意毛衣和外套交汇的地方。

首先用深一度的蓝色马克笔加深两腿分叉和大腿弯处的重褶，膝盖弯曲而造成走向内裤缝线和两腿膝盖后的褶子。中裤缝线及裤脚的卷边也是需要深色勾线笔加深的部分，完成裤子整体绘制后，用深蓝色的细勾线笔勾勒裤子上的条绒纹理，线条不易画得过实。高光的部分可以用白色高光笔适当提亮。

加深整个鞋部，然后绘制鞋表面蛇皮花纹，根据皮革特性，可用白色高光笔提亮鞋表面的亮部。同时绘制鞋跟部的绒毛后跟。用细的深色勾线笔加深整个画面重点部分的外边缘，营造更强的光影对比效果。

BLUE THIGH HIGH SLIT DRESS

● **工具**

获多福牌水彩纸
施德楼牌自动铅笔
Black Velvet 牌画笔
温莎牛顿牌水彩颜料

● **小贴士**

• 加深颜色时，可以等上一层颜料干后，逐层叠加三～四次。

色调：■ ■ ■

1

画出 9 头身的人体，肢体要画出动态。完成线稿后保持画面干净。

2

用明黄色和红色调出肤色。先淡淡平铺一层，等晾干后进一步加深颜色，共分三层，这样才能显出层次感。注意留出高光。

3

画头发的时候也是同样的步骤，淡色平铺，然后加深棕色逐步加深，一共三到四次叠加，注意脖子与头发交界处颜色最深。

4

画头发的时候也像步骤一那样：淡色平铺，然后逐步加深棕色，一共三到四次叠加。为皮肤上色时注意脖子与头发交界处颜色最深。

5

虽然绘画习惯各有不同，但服装上色的正常流程是先画上半身。因为衣服的材质是天鹅绒，所以底色很淡，明暗差别明显。在这一步则先淡涂一层天蓝色。

6

描出上衣深蓝色的部分，注意加强与上一层浅蓝色的对比，交接处稍作晕染。

裙子下半部分是丝绸类的材质，上色时先平铺一层蓝色，颜色不能太浅。等第一层颜色干了之后再逐层叠加，一共叠加三到四次，颜色逐渐加深。因为裙子的原色是深蓝色，所以需要用黑色勾勒最深的阴影。

EVENING DRESS

● **工具**

获多福牌水彩
施德楼牌自动铅笔
Black Velvet 牌画笔
温莎牛顿牌水彩颜料

● **小贴士**

• 透明的布料不需要过多勾勒。

色调：■ ■ ■

画出 9 头身的身体框架。

描绘出上身的花纹细节，此晚礼服华丽且闪耀的装饰部分集中在上半身。

描绘出下身细节，因为下半身为纱裙，为突出其清透感则不需勾勒
过多线条。

明黄与红色调配出肤色，先淡淡地铺涂一层。等第一层颜色干了之
后进一步叠加颜色加深肤色，为了显出层次感，肤色共铺三层，要
注意留出高光的位置。

从浅棕色到深棕色，分三到四层来为头发上色。

先打湿裙子的下半部分，用浅蓝色在打湿的画纸上浅浅地铺一层，体现纱的轻柔质感。上半身用黄棕色点出金色纹饰，绘画时需耐心。

趁上一步的颜色半干时，逐层叠加蓝色，加深纱裙的色彩。

GREEN VELVET DRESS

● **工具**

获多福牌水彩
Black Velvet 牌笔刷
温莎牛顿牌水彩颜料
施德楼牌自动铅笔

● **小贴士**

● 绘制天鹅绒布料时，注意通过高光表达布料质感。

色调： ■ ■

用自动铅笔画出干净的底稿，注意不要抹脏。人体比例为 9 头身，注意身体摆动幅度。

画出衣服的整体轮廓，用铅笔淡淡地描出花纹图案。

3

开始上肤色，把露出皮肤的部分淡淡地涂上一层颜色（土黄加红色），最后加深颜色，加重阴影部分。

4

开始刻画头部，从头发开始。首先大面积地铺涂一层，然后加深颜色以及加重阴影部分。

把画纸打湿，平刷一层淡淡的绿色。趁第一层颜色还没有干透，用稍微深一点的绿色描出阴影部分，一共要描三层。

6

最深的阴影部分用绿色加深灰色，细细填涂。

SCOTTISH PLAID SKIRT

● **工具**

300 g/m² 棉浆细纹水彩纸
自动铅笔
橡皮
防水勾线笔
固体水彩
水彩笔
水彩勾线笔
调色盘
洗笔筒
彩铅

● **小贴士**

- 这张画着重体现的就是纱和苏格兰格子。绘制纱类服装面料的时候一定要注意颜色的透明度。所以调颜色的时候水量的控制比较重要。
- 要注意纱制衣服的轮廓色会相对深些。最后也是这张画最需要注意的，格子的线条部分要随着服装的褶皱走，不能是生硬的直线，其次线条的曲度和面料的薄厚也是有关系的。

色调：■ ■ ■

绘制人体线稿。要注意人体比例、重心线以及人物动态的自然与放松的表情。

肤色铺涂的顺序应从浅到深，初步上色的时候记得水彩颜料混合的水量稍微大些。

3

铺涂衣服和裙子的颜色，规划好格子裙部分的色块分布。

4

初步画出上衣部分的褶皱以及明暗关系。

刻画五官，突出上衣的褶皱，加深衣服细节和纹理的刻画。

加深格子的颜色，注意褶皱部分的阴影关系。

7

初步为皮带和鞋子铺色，加强裙子的明暗关系跟前后关系。

8

刻画皮带、鞋子以及耳饰部分的细节。

CHIFFON DRESS DECORATE WITH FEATHERS

● **工具**

300g/m² 棉浆细纹水彩纸
自动铅笔
橡皮
防水勾线笔
固体水彩
水彩笔
水彩勾线笔
调色盘
洗笔筒
彩铅
留白胶

● **小贴士**

- 雪纺的特点是轻薄、飘逸，所以在起稿的时候就要注意线条的放松。其次是要注意围脖部分的人造皮草和鸵鸟毛的差异性。它们都有蓬松的特质，但是在画围脖部分的人造毛时，笔触要短一些，而在画鸵鸟毛的时候笔触要长些，还要注意鸵鸟毛飘起来的方向。

色调：▢ ▨ ■

绘制人体线稿时要注意人体比例、重心线，还有人物动态的自然感与放松感。

肤色要铺涂的顺序应从浅到深，初步上色的时候记得水彩颜料混合的水量稍微大些。

用留白胶留出上身的羽毛部分，用浅军绿色为裙子铺色，分出裙子的雪纺以及鸵鸟毛区块。

刻画五官、头发，用深军绿色画出裙子的褶皱。

加深发色，为围脖及鞋袜填涂基础颜色，强调出裙子的阴影和高光。

擦掉留白胶，调整裙子的轮廓线以及加深褶皱部分的暗部。

7

绘制羽毛部分，用彩铅对鸵鸟毛的细节做进一步刻画。

8

增加肤色的明暗对比，完成鞋袜部分的刻画。

LACE YARN DRESS

● **工具**

300g/m² 棉浆细纹水彩纸
自动铅笔
橡皮
防水勾线笔
固体水彩
水彩笔
水彩勾线笔
调色盘
洗笔筒
彩铅
高光墨水

● **小贴士**

● 蕾丝的特点是轻透，所以在铺色的时候要注意颜色的透明度。蕾丝质薄，所以身体部分的颜色是可以透出来的。在绘制肤色和纱的重叠部分的时候注意晕染的自然。所以对笔的水分掌握很关键。其次是蕾丝的阴影部分的调色颜色不要太透，这样深色底比较能体现出蕾丝的体积感。

色调：□ ■ ■

绘制人体线稿时要注意人体比例、重心线，还有人物动态的自然感与放松感。

肤色铺涂的顺序应从浅到深，初步上色的时候记得水彩颜料混合的水量要稍微大些。

3

上肤色，加重腰部、腿部等裙子遮盖部分的肤色。

4

湿画法铺裙子底色，注意胸口高光部分以及大腿边缘和裙子的交接部分。

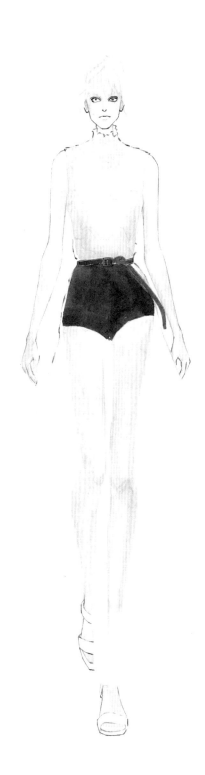

细化五官，趁着裙子下摆的颜色没完全干的时候，绘制纱裙的层次。

等前面步骤的颜色完全干透，调配出蓝黑色勾勒蕾丝的大致纹理。

在蓝黑色里加少量红色及高光墨水，提亮蕾丝的亮部。

勾勒部分边缘，强调裙子的暗面褶皱及阴影。

CALICO DRESS

● **工具**

300g/m² 棉浆细纹水彩纸
自动铅笔
橡皮
防水勾线笔
固体水彩
水彩笔
水彩勾线笔
调色盘
洗笔筒
彩铅
留白胶
留白胶去除擦

● **小贴士**

● 碰到大面积印花绘画的时候，留白胶可以发挥它的作用。有了留白胶，可以使裙子底色晕染得更自然，在画裙子阴影的时候用笔也能果断些，这样笔触更自然。但一定要注意留白胶干了以后才可以铺色。绘制印花的时候，一定要注意与服装褶皱、面光部分和背光部分的颜色统一。

色调：■ ■ ■

绘制人体线稿时要注意人体比例、重心线，还有人物动态的自然感与放松感。

用留白胶画出玫瑰的部分，湿画法铺肤色。

3

加深肤色并铺涂袜子。

4

刻画五官和头发，注意发缕的分区及留出高光位置。

用湿画法铺粉色裙子的底色。

绘制裙子的阴影部分，注意裙摆部分的向光面及折叠部分的阴影。

擦掉留白胶，绘制印花部分的玫瑰图案。

绘制钉珠、包包及鞋子。

BLACK LEATHER SKIRT

● **工具**

300g/m² 棉浆细纹水彩纸
自动铅笔
橡皮
防水勾线笔
固体水彩
水彩笔
水彩勾线笔
调色盘
洗笔筒
彩铅
留白胶
留白胶去除擦

● **小贴士**

● 皮革面料的特质需要多加注意，首先皮革比较挺括，所以它的褶皱线条会比较硬，高光和阴影在转折部分也会比较强烈；其次是皮革的高光是细碎而且跳跃的，绘画时要表达出来。底色铺过水彩后，在绘画的结尾阶段可以用白色彩铅做提亮，而漆皮的鞋子则可以用高光笔进行提亮。

色调：□ ■

绘制人体线稿时要注意人体比例、重心线，还有人物动态的自然感与放松感。

勾勒轮廓线，湿画法平铺第一层皮肤底色。

3

进一步调和肤色，加深面部、四肢和胸口的阴影。

4

绘制头发底色，继续加深肤色的阴影。

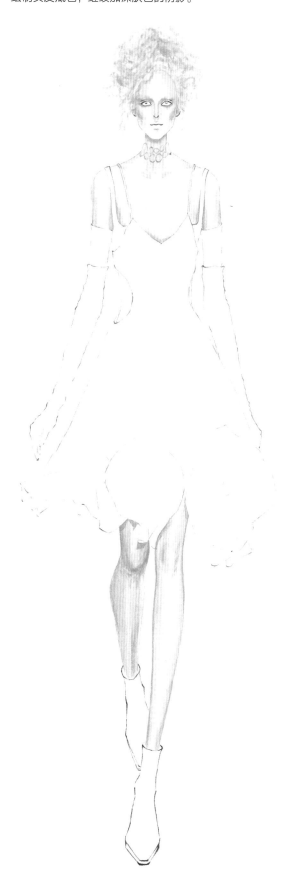

5

铺涂裙子和鞋子的底色。

6

用黑色防水勾线笔绘制脖子及胸衣部分的蕾丝，注意粗细线条的分布。

用黑色彩铅细致地刻画裙子的褶皱、高光、阴影。

绘制深色发缕，形成头发的层次感。

ROSE RED HAUTE COUTURE

● **工具**

240g/m² 卡纸
铅笔
水溶性彩铅
高光笔

● **小贴士**

• 画面中帽子、面纱、胸部立体纱造型和鞋子均为黑色，为避免蹭脏画面，黑色部分尽量留到最后再进行刻画。

色调：■ ■ ■

 画出人体动态，根据动态走势画出衣服。

 分别用不同颜色勾出各部位轮廓线及衣褶。

3

刻画五官、耳环及裸露的皮肤。

4

铺出衣服及手拿包的浅色部分。

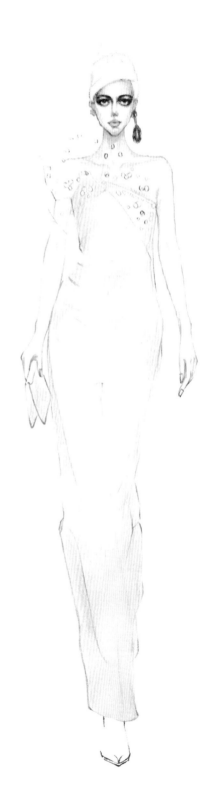

5

深入刻画衣服及手拿包，画出衣褶的中间色及暗部颜色。

6

通过增强色彩的明暗对比来突出帽子、面纱及胸部立体纱造型。

7

点出高光凸显面料质感，画出裙子外面包裹的纱，刻画鞋子。

PINK FISH PATTERN ONE-PIECE

● **工具**

240g/m² 卡纸
铅笔
水溶性彩铅
高光笔

● **小贴士**

• 可先勾画印花再填涂衣服的颜色，也可以先画衣服再勾画印花，但要注意的是先铺浅色部分再铺深色部分。

色调: ▨ ▨ ■

 画出人体，画出衣服外轮廓及印花的位置。

 分别用不同颜色勾出各部位轮廓线及印花。

3

铺填五官、头饰、头发以及裸露的皮肤，画出头饰的高光。

4

铺填衣服的浅色部分。

深入刻画衣服，绘制出衣褶中间色及暗部颜色。

描绘印花鱼的花纹，用同类色为花纹上色。

深入刻画印花的鱼与花的枝叶。

最后调整花与鞋子的绘制。

CALICO DRESS

● **工具**

240g/m² 卡纸
铅笔
水溶性彩铅
高光笔

● **小贴士**

• 无论是先画印花还是先为衣服上色都可以，但建议先填涂浅色部分再填涂深色部分。

色调：

画出人体，勾勒衣服外轮廓及确定印花位置。

分别用不同颜色勾出各部位轮廓线及印花。

描绘五官、头发及裸露的皮肤，画出手包的浅色部分。

绘制头饰及耳环，画出头饰高光，铺出衣服的颜色。

铺出花卉的浅色部分。

深入刻画花卉。

7

深入刻画花的枝叶、手包和鞋子。

8

最后调整花与鞋子的绘制。

FUR COAT

● **工具**

240g/m² 卡纸
铅笔
水溶性彩铅

● **小贴士**

• 为了避免蹭脏画面，建议最后再画黑色部分。

色调：■ ■ ■

画出人体，勾勒衣服外轮廓及确定印花位置。

分别用不同颜色勾出各部位轮廓线及花纹。

3

刻画五官及为头发上色。

4

画出与服装配套的头巾。

铺出外套上花纹的颜色，暂时空出黑色部分。

深入刻画外套上的花纹。

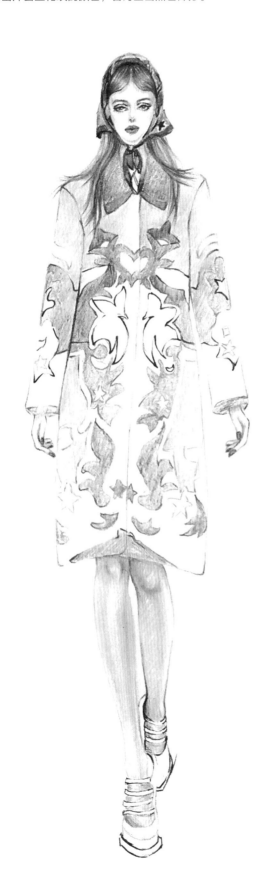

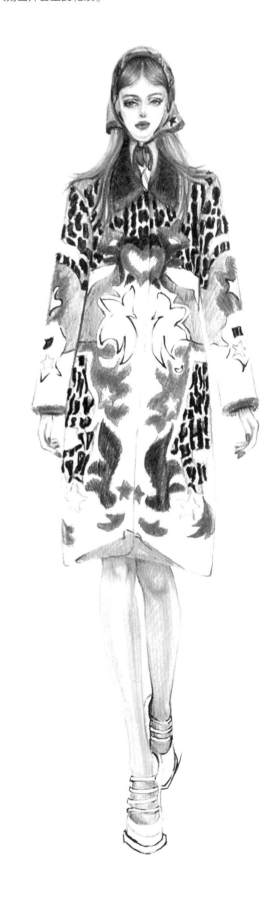

为了不蹭脏画面，最后刻画黑色部分的花纹。

最后调整鞋子的绘制。

MASK WITH FEATHER

● **工具**

240g/m² 卡纸
铅笔
水溶性彩铅
高光笔

● **小贴士**

• 颜色一层接一层地铺涂比较好，为了避免画得太过，最好不要一次性将颜色填满。

色调：■■■

画出人体，勾勒衣服外轮廓及确定印花位置。

分别用不同颜色勾出各部位轮廓线。

画出头部及羽毛面具，勾勒羽毛高光。

先为衣领上色，再从左到右地为皮衣上色。

5

深入刻画皮衣以及为其添上系带。

6

铺涂裙子绿色的部分，画出花纹及衣褶。

7

在裙摆底部添上红色的拼接纱。

8

绘制裙摆底部的拼接蕾丝和鞋子，注意画出蕾丝的花纹。

GREEN DOTS VEST DRESS

● **工具**

300g/m² 未涂布纸
HB、2B、3B 铅笔
水粉画颜料组合
派通牌颜料墨水
自来水毛笔（黑色）
派通牌自来水毛笔 (金色、银色)
Adobe Photoshop 软件

● **小贴士**

- 使用暗色系纸张会有独特的效果，能显示出服饰彩色的细节。
- 整个绘画过程都是不可逆的，一定要事先设计好模特的动作、衣服的构成以及整体色彩的使用。
- 色彩的应用是关键。必须踏踏实实地花时间练习才能轻松得出自己想要的效果。

色调：□ ■ ■

描绘人体造型及服装轮廓。

用白色颜料为裙子添上基础颜色。

3

用蓝色为衬衫着色，并开始增加细节。

4

增强人体的动态韵律和动作的流畅度。

5

调整和细化一些细微之处，添加阴影。

6

用金银色的笔做高光修饰，完成绘画。

BLACK SLING DRESS

● **工具**

温莎牛顿牌水彩纸
Black Velvet 牌笔刷
温莎牛顿牌水彩颜料
施德楼牌自动铅笔

● **小贴士**

● 要注意的是，如果温莎牛顿牌水彩纸潮湿了，不管多厚的颜料，纸张干燥之后会显白，没有层次感。

色调：□ ■ ▦

用自动铅笔画出 9 头身的人体，注意协调好比例。

完成铅笔线稿后记得要保持画面干净。

3

混合明黄色和红色配出自然肤色，首先轻轻地涂一层底色，然后添入紫色叠加阴影。分三层绘画才有层次感。

4

确定光源，仔细描绘脸部和头发。眼窝加了紫色营造阴影，注意不要直接上黑色，会显脏。

5

衣服的材质是纱，绘画时需要由浅至深地铺涂，第一层可大面积淡淡地平铺，铺完颜色后静待晾干。

6

加黑色，进行第二层平铺，注意此时要画出层次感，不要将第一层全部覆盖。

7

第三层黑色颜料要更多些，着重描绘最深的阴影。

8

靴子的颜色不要太实，保留层次感。

BLACK SWEATER SUIT

● **工具**

90g/m² 打印纸
KOH-I-NOOR 牌铅笔
勾线笔
Kuretake ZIG Art & Graphic 双头马克笔
蜡笔
温莎牛顿牌水彩颜料

● **小贴士**

- 绘画的工具种类繁多，但我们应该在考虑理想效果的立场上选择绘画工具。因此在创作这类作品时绘者选择了用蜡笔进行绘画，而不是水彩。
- 经验更丰富的绘者更喜欢使用一种绘画技巧和绘画工具，但是初学者可以通过使用多种绘画工具来画画，多尝试有利于日后更熟练地挑选画具。

色调：□ ■

先画出较粗略的铅笔草图（尝试模仿自然的人体姿势），以及画出服装轮廓和褶皱的线条。

用笔勾画出模特肢体较暗的部分，留出高光的部分不勾线。

3

铺第一层颜色的时候把布料的褶皱都初步表现出来。

4

用水彩颜料和铅笔为裤子和鞋子初步上色。

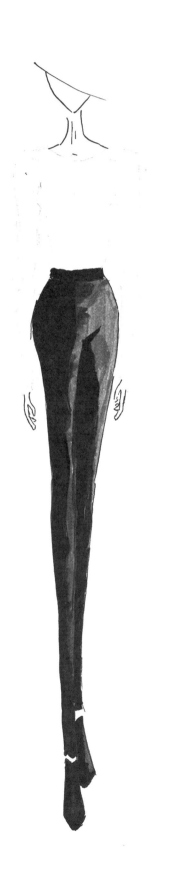

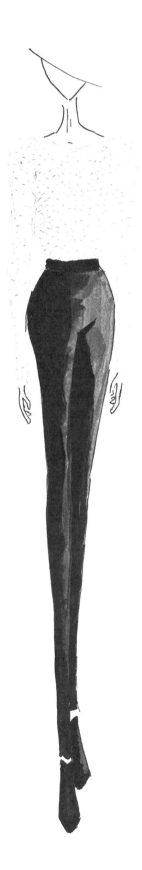

用蜡笔绘制出毛衣的花纹，通过利用阴影的分布来表现褶皱、布料密度和整体感觉。

6

往裤子部分添加细节来表达布料（皮革）的质感，白色高光为这套衣服带来戏剧化的外表。

7

填涂肤色，明暗关系凸显身体的自然阴影。

 8

添加模特的唇色。

CAMEL COAT

● **工具**

90g/m² 打印纸
KOH-I-NOOR 牌铅笔
旗牌雅丽油漆笔
Kuretake Art&Graphic 牌双头马克笔
温莎牛顿牌水彩颜料和画笔

● **小贴士**

- 我们添加一些优雅的细节就可以为传统的骆驼色外套带来活力和生命，根据预期想要的优雅或奢华的外观，服装上使用的图案可以有不同的配色方案。在这个作品里，绘者想要衣服保持优雅和经典的感觉，因此她所选择的颜色的玫瑰图案不受配色影响。人们可以通过使用不同的配色和绘画技巧，绘制一个更具体和戏剧性的外观。
- 最重要的是要从整体出发，刻画服装和外套的花纹。否则，花纹可能会看起来过于突出而不匹配手绘图。

色调：□ ■ ■

先画出较粗略的铅笔草图（尝试模仿自然的人体姿势），以及画出服装轮廓和褶皱的线条。

用笔勾画出模特肢体较暗的部分，留出较亮的部分不勾线。

用水彩为大衣初步上色，强调光与暗的区域。

用相同的颜色为大衣添上衣领和衣袖。

5

用水彩为毛绒领和袖口添上厚度和布料质感，再为大衣添加花纹。

6

在大衣的腰围处画出腰带，并为模特画出靴子。

填涂肤色，明暗关系凸显身体的自然阴影。

添加模特的唇色。

SPARKLING DRESS

● **工具**

90g/m² 打印纸
KOH-I-NOOR 牌铅笔
旗牌雅丽油漆笔
Kuretake Art&Graphic 牌双头马克笔
温莎牛顿牌水彩颜料和画笔

● **小贴士**

• 绘画亮面材质一直是挑战，要提高绘画技能的最好办法是多练习，多尝试不同的工具，例如水彩、蜡笔和马克笔。

色调：□■

 先画出较粗略的铅笔草图（尝试模仿自然的人体姿势），以及画出服装轮廓和褶皱的线条。

 用笔勾画出模特肢体较暗的部分，留出较亮的部分不勾线。

3

用水彩为裙子初步上色。稍微画一下反光的区域，下一步再加强。

4

加上更多的戏剧性反光去表现出布料本身就是闪闪发光和可反光的，在腰部画出精致的腰带。

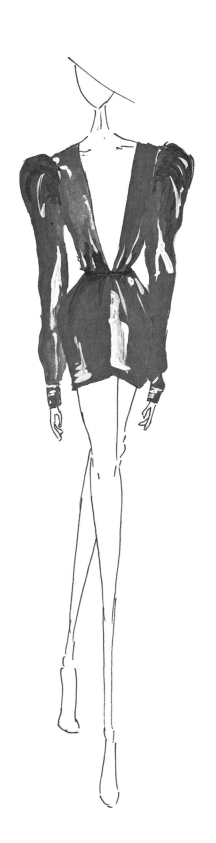

用水彩为裙子添上阴影和褶皱来表现布料质感，还要画出布料在腰部聚拢的样子。

在大衣的腰围处画出腰带，并为模特画出鞋子。

画出鞋子，添上白色颜料代表的高光部位，显示出鞋子的材质。

添加模特的唇色。

PLAID COAT

● **工具**

300g/m² 未涂布纸
HB、2B、3B 铅笔
水粉画颜料组合
派通牌颜料墨水
自来水毛笔（黑色）
派通牌自来水毛笔（金色、银色）
Adobe Photoshop 软件

● **小贴士**

• 水彩画是个不小的挑战，画透明布料的时候要分外小心。
• 控制好水分才能画出理想的画面。
• 正式上色之前，建议先草稿纸上试色以检验颜色的透明度。

色调：□ ■

用铅笔起草，用简单的形式和形状去捕捉和分析人的身体。要注意的是，要画出动态猫步姿势的话，肩线和臀线不能平行。

在草图中加上更多的细节以突显衣服的重要细节。

3

添加底色。

4

增加层次感，为上装贴上亮片，注意保持裙子的透明度。为模特的面部添加妆容。

7

调整细节。

8

用派通笔给画面添上金银点缀，使画面更加完整。

DRESS WITH SEQUINS

● **工具**

300g/m² 未涂布纸
HB、2B、3B 铅笔
水粉画颜料组合
派通牌颜料墨水
自来水毛笔（黑色）
派通牌自来水毛笔（金色、银色）
Adobe Photoshop 软件

● **小贴士**

• 用水彩作画并不容易，画透明材质的布料时要分外小心。控制好笔尖的蘸水量和颜料用量非常关键，这会影响画面的理想度。建议在正式画画之前，最好先在另一张纸上画些简单的图案，检查色彩的透明度。

• 要仔细规划好画面，因为有的拼贴效果需要一次定型，贴上之后就不能再更改。画缩略图可以在效果图早期规划的时候起作用。

色调：

1

用简单的形式和形状捕捉、分析和简化人体，画时装的时候也要这样。要注意为了画出动态猫步的姿态，肩线和臀线不能平行。

2

画上基本的颜色。

3

注意布料的透明度，增加画面的层次感。开始为模特面部上妆。

4

按上衣的范围粘贴亮片，营造出特别的质感。

5

添加细节，加强妆感和突出服装的线条轮廓。

调整细节部分。

为模特整体添加阴影，修整画面。

WEDDING GOWN

● **工具**

Copics 牌马克笔
温莎牛顿牌自来水毛笔
辉柏嘉牌骑士彩铅
高光笔
Adobe photoshop

● **小贴士**

- 画白色或浅色布料时，要学会"欺骗"观众的眼睛。白色衣服只需要大量留白，合理地添加阴影就能很好地表现出整体感觉。
- 白色衣服会随着光源的方向而产生深浅不一的阴影，只需要处理好这些区域的阴影刻画就能凸显裙子的 3D 立体效果。

色调：□ ▨

用几何方块划分画出模特的姿态。

画出线稿草图，将基本的轮廓定下来。

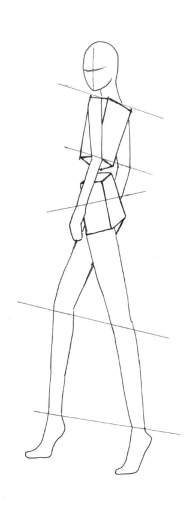

3

画出婚纱裙，注意裙子的蓬松度。

4

为皮肤上色，画出初步的明暗关系。

5

为模特上妆，画出发色。

6

画出婚纱裙的颜色，白色裙子只需画出阴影就能使裙装立体起来。

添上裙摆投影在地上的阴影和纱裙上的高光，轻轻泼洒墨水可以达到独特的高光效果。

8

用高光笔加上闪光，让婚纱裙更梦幻。

FLOWER DRESS

● **工具**

老人头牌 8 开素描纸
辉柏嘉牌彩铅
斯塔牌水溶软头马克笔
棕色勾线笔

● **小贴士**

- 画线时落笔要稳且流畅，建议初学者先画出人体再进行裙子的描绘。
- 花朵的涂色注意不要涂出勾线处。用同色系的深一个色号涂阴影时注意留白，也就是留出高光，注意整个裙子的立体感。
- 可用胶棒涂在棉签上粘取亮粉，洒在腰带处。

色调：□■

用棕色勾线笔画出线描稿，线条要求流畅清晰，裙上褶皱尽量连贯，最好一笔到位。

用彩铅上肤色，勾线笔加重头发阴影以及面部的妆容。在礼服裙上均匀地画出小花朵，让裙子更加立体。

3

面部妆容加深，加重鼻影、眉毛、嘴巴和眼睛，皮肤用肉色彩铅加重，头发用软头马克笔画出发丝。

 4

用深一个色号的软头马克笔画出头发阴影，使头发更加立体。用彩铅画出礼服裙褶皱。

增加立体小花，加深皮肤颜色，用彩铅加重橘色眼影，添上些许腮红使脸部更加明亮立体。

礼服裙褶皱加深，鞋子用粉色打底，注意高光的处理。

用粉色和肉粉彩铅加重整体裙子的褶皱部分。用桃色软头马克笔为花朵上色，用深棕加重发色。

用深色号的马克笔加重花朵的颜色，软头马克笔在上层裙底处加重褶皱部分，用深色号画出鞋子的阴影。

ROSE SKIRT

● **工具**

老人头牌 8 开素描纸
辉柏嘉牌彩铅
斯塔牌水溶软头马克笔
棕色勾线笔

● **小贴士**

- 画纱的时候要注意表达材质轻透的感觉，黑纱的部分不要涂太多。表达纱质时要注意高光区域的描绘，画羽毛的时候马克笔的色彩不能盖过彩铅部分，否则会让羽毛失去蓬松的感觉。
- 涂闪粉时小心材料结块，尽量均匀地涂抹，建议使用棉签或刷子蘸取材料。

色调：■ ■ ■

 1

用棕色勾线笔画出线描稿，线条要求流畅清晰，裙上褶皱尽量连贯一笔到位。

 2

用彩铅上肤色，黑色彩铅画出肩部、鞋头的羽毛以及上衣的褶皱，轻涂一层黑色以突出纱的感觉，然后在裙子上画出玫瑰。此时用彩铅画出脸部淡妆。

3

面部妆容加深，加重鼻影、眉毛、嘴巴和眼睛，皮肤用肉色彩铅加重，把袖子处的花纹用黑色马克笔涂实。

4

用正红色马克笔涂上玫瑰，用浅绿和深绿色涂出叶子，羽毛处用黑色马克笔加重。

立体小花增密，皮肤加重，橘色眼影用彩铅加重，顺带些许腮红，使脸部更加明亮立体。

礼服裙褶皱加深，鞋子用粉色打底，注意高光的处理。

7

用粉色和肉粉色彩铅加重整体裙子的褶皱部分。用桃色软头马克笔把花朵上色，用深棕色加重发色。

8

花朵用深一个色号加重，软头马克笔在上层裙底处、褶皱处加重，鞋子用深色号画出阴影。

FISHTAIL DRESS

● **工具**

老人头牌 8 开素描纸
辉柏嘉牌彩铅
斯塔牌水溶软头马克笔
棕色勾线笔

● **小贴士**

• 这套服装以褶皱为主，手绘时注意褶皱的刻画，可多不可乱。
• 刻画玫瑰的时候注意别把玫瑰的线条画出界，面部起草时注意线条的流畅以及与肩部的比例要协调。
• 为皮肤上色的时候要注意加深肩部、肘部和膝盖的阴影。头发加深时注意别涂太多，要留出高光位置才能显得更加靓丽。

色调：■■

用黑色勾线笔画出线描稿，线条要求流畅清晰，注意脸部的刻画肩部的对称以及衣服的褶皱部分。

用彩铅上脸部淡妆，嘴唇用橘色彩铅，眼部用蓝色勾线笔勾画，头发用棕色画出发丝，肉色彩铅轻涂身体，注意阴影的加深。

3

面部妆容加深，注意面部的立体感，头发用深棕色马克笔画出阴影。

4

用深红色画出褶皱处的阴影。

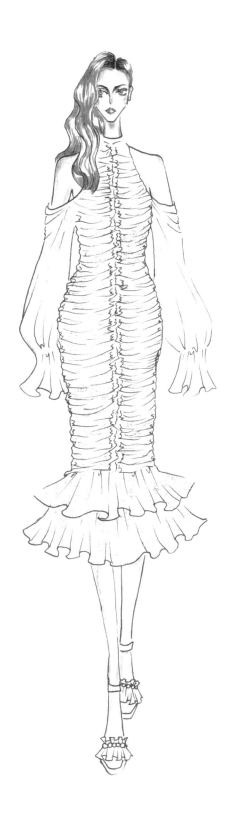

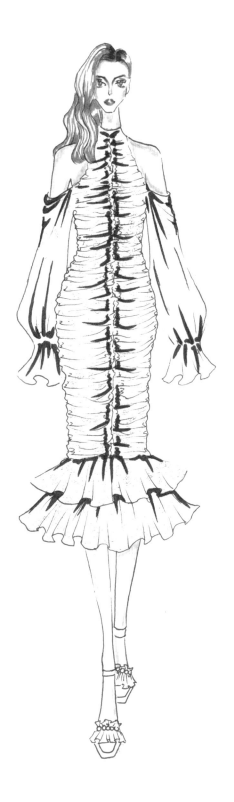

用红色勾线笔画出小玫瑰。

红色马克笔涂出鞋子的装饰，黑色马克笔画出鞋子的颜色。

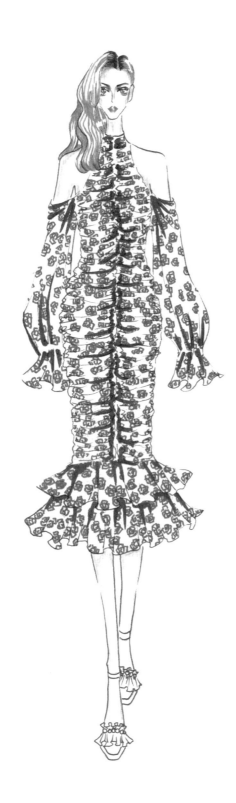

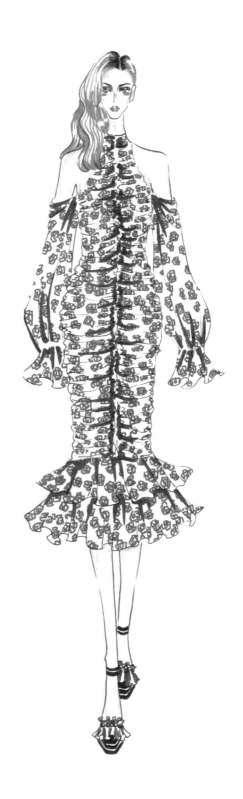

增多裙子上的小玫瑰，使裙子看起来更加饱满，鞋子装饰用深红色
加重阴影。褶皱加重。发色加深。

褶皱继续加深，玫瑰的阴影加强，用绿色勾线笔勾出叶子。

BLACK BLOUSE WITH BLUE HIGH WAIST SKIRT

● **工具**

180g/m² 纸张
辉柏嘉牌铅笔
Copic 牌勾线笔 SP0
温莎牛顿牌马克笔
理查斯特牌马克笔
速写马克笔

● **小贴士**

- 使用暗色系纸张会有独特的效果，能显示出服饰彩色的细节。
- 整个绘画过程都是不可逆的，一定要事先设计好模特的动作，衣服的构成以及整体色彩的使用。
- 色彩的应用是关键。必须踏踏实实地花时间练习才能轻松得出出自己想要的效果。

色调：■ ■ ■

画出人体和服装的线稿。

用勾线笔加深整体轮廓。

3

用 YR000 绸缎色和 E51 奶白色的马克笔分别铺涂皮肤和头发的第一层颜色。

4

用 O518 号淡粉色的马克笔来加深嘴唇、鼻子、脸颊、眼窝和发际线的阴影部分，同时还要加深裙子下方和鞋子上方的阴影部分。用 E21 号淡黄色的马克笔铺涂发色。

用 R414 号红色马克笔为手拿包上色，用 CG4 号浅灰色马克笔为鞋子上色，再用 R666 号红色马克笔为贝雷帽上色。

用 R565 号红色马克笔为贝雷帽的褶皱加深颜色。用 R424 号深一度的红色马克笔加深手拿包的阴影部分，B30 号波斯绿色马克笔为裙子上色，再用浅灰 4 号色马克笔为上衣上色。

7

加深靠近腰部的裙子褶皱颜色。用浅灰 5 号马克笔勾画出上衣的条纹。

8

用灰色的铅笔和黑色的马克笔突出上衣的纹路，再用铅笔勾出些许发丝。

BLACK DRESS WITH SPARKLES

● **工具**

获多福牌 300g/m² 细纹（普白）
达芬奇牌 418 系列 0 号笔
Habico 牌 116 系列 2 号笔 6 号笔
Copic 牌 0.03 棕色针管笔
三福牌霹雳马彩铅
辉柏嘉牌骑士油性彩铅
施德楼牌 925-25 系列 0.3mm、0.7mm 自动铅笔
蜻蜓牌细节橡皮擦
三菱牌高光笔
指甲亮片、闪粉、水钻

● **小贴士**

- 画皮肤和头发记得预留高光位置。
- 使用彩铅刻画细节时，暗部刻画时要用力，铅笔要削尖。
- 使用尼龙笔涂胶时不要用力，采取点蘸法，避免涂胶液时会搅动下面的颜色。

色调：□ ▧ ■

使用 0.7mm 的自动铅笔起好 9 头身的人体轮廓。再根据人体结构绘制服装，使用 0.3mm 自动铅笔刻画面部细节，并对其他部分进行细致刻画。

使用 0.03 的棕色针管笔，对眼睛、鼻子、唇中线、露出的手和腿部进行勾线。

3

浅肤色采用平铺法，将面部和手部上第一层色，用深蓝色画出服装的底色。

4

等颜色干透后，调出更深的颜色，使用叠色法对五官的暗部进行刻画，再用深蓝色平铺服装，用浅土黄色铺出头发的底色。

用彩铅对头发和五官进行细节刻画。用黑色油性彩铅对服装整体上色。用尼龙笔蘸取胶液，
根据服装的花纹先平铺一层在衣服上，再往腰带上贴水钻。

6

修整整体画面。

PURPLE DRESS

● **工具**

马克笔专用纸
铅笔
Copic 牌马克笔
白色笔胶

● **小贴士**

• 画正在步行的模特要突出动态姿势和受光的轮廓，通过马克笔混合颜色以达到别致的效果。

色调：■■■

用铅笔起草，用彩色马克笔勾勒模特造型。

上色的区域扩大，将模特的服装画得更加清晰，开始看出初步的明暗关系。头发要画出光滑的感觉，阴影和高光的过渡要注意自然。

金发会反映出紫裙的颜色，因此发色应带紫红，头发要画得有光泽。用粉色、紫色和紫红色将整件裙子画完整。

为裙子加上花纹，沿着人体线条画的花纹会更自然。

用高光笔或者白色颜料勾勒出反光的地方，注意布料的反光情况。

6

加深阴影部分，增强整体轮廓。

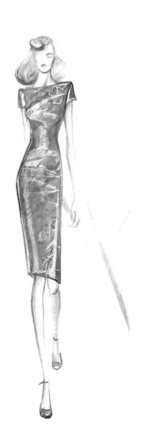

LOW-CUT DEEP V-NECK DRESS

● **工具**

马克笔专用纸
铅笔
Copic 牌马克笔
白色笔胶

● **小贴士**

• 模特佩戴了头饰，因此面部刻画也要用心，妆容要配合整体色调但不能太抢风头。
• 受环境色影响，服装自身可能会反映出其他颜色，上色时应考虑这点。

色调: ■ ■ ■

用铅笔起草，用彩色马克笔勾勒模特造型。

上色的区域扩大，将模特的服装画得更加清晰，开始看出初步的明暗关系。头发要画出光滑的感觉，阴影和高光的过渡要注意自然。

虽然丝绸礼服是黑色的，但其腰带和头饰都带有紫红色，为了让礼服反映出环境光线和这些点缀物的颜色，需要选用比较微妙的灰色、蓝色和紫色混合上色。

要注意光源对礼服颜色的影响，正面朝向的部分应该比侧面的部分颜色更亮。

用高光笔或者白色颜料勾勒出反光的地方，注意布料的反光情况。

加深阴影部分，增强整体轮廓，注意分清背光面，阴影也有前后之分。

FLORAL DRESS

● **工具**

康颂牌 180g/m² 素描纸
0.38mm 自动铅笔
法卡勒牌第 3 代马克笔
Copic 牌第 2 代马克笔
施德楼牌彩铅
肤色纤维笔

● **小贴士**

- 适当的留白可以使物体有较强的质感与视觉冲击力。头发与服装都有亮部和暗部的反光，鞋、珠宝、皮肤都需要对留白有深入的了解与掌握。
- 用高光笔的局部点缀可以起到画龙点睛的效果，如鞋底、发丝等。
- 勾线时要注意外形线的深浅变化。

色调：■ ■ ■

 确定重心线，轻轻用力用 0.38mm 自动铅笔勾勒出外轮廓。注意腿的前后关系，胯部要画得像扭动起来。

 用肤色纤维笔勾勒皮肤部分的线条。初步勾勒服装外形线和头发，注意线条流畅。

3

用马克笔细头画出头发的发丝，留出高光的位置和加深明暗交界线，再用 0.38mm 铅笔勾细的线条，完成头发的绘制。五官用 Copic 牌肤色系列先平涂，再加深眼窝和鼻底。

4

用马克笔细头画出花卉的灰面，留出高光位置，一般中间都是高光位，两边颜色较深。

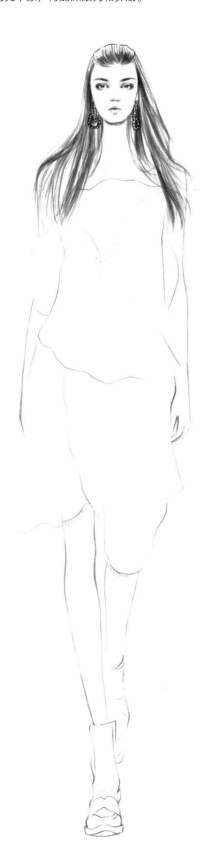

5

用彩铅同色系深色画出花卉的细节线条，注意疏密结合。用细头预留出鞋子不规则的高光，然后平铺加深暗部。

6

花蕊处用高光笔画出细线，增强暗部对比。加深外形线，注意线条的疏密变化。

继续加深服装的暗部，增强外形线，用高光笔画出鞋的细节部分。

8

继续加深所有的暗部，用彩铅画些小点，深入细节。局部外形线用黑色彩铅加深。

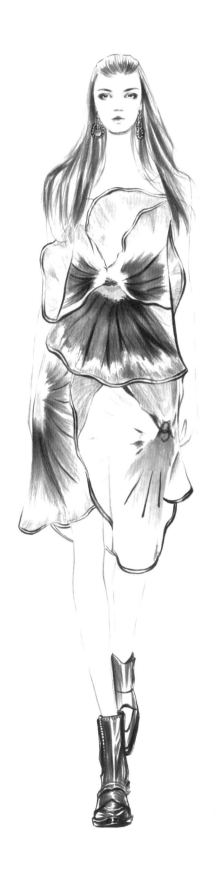

GOLDEN SILK YARN DRESS

● **工具**

康颂牌 180g/m² 素描纸
0.38mm 自动铅笔
法卡勒牌第 3 代马克笔
Copic 牌第 2 代马克笔
施德楼牌彩铅
肤色纤维笔

● **小贴士**

- 金属画法的重点是灵活运用留白，不规则的留白可以使金属更有反光质感。暗部与亮部的色阶要拉大。
- 纱质面料一般比较薄透，色彩选择上应多用浅色，铅笔勾线。
- 高光笔点画在亮部或者暗部会有闪片的效果。

色调: ■

确定重心线，轻轻地用 0.38mm 自动铅笔勾勒出外轮廓。注意腿的前后关系，胯部要扭动起来。

用肤色纤维笔勾勒皮肤部分的线条，服装外形线和头发用参考图的同色勾线，注意线条流畅。

用马克笔细头画出头发的发丝，再用 0.38mm 铅笔勾细的线条，金属皇冠留好高光，两侧暗部加深。金属配饰同理。五官用 Copic 肤色系列先平涂，再加深眼窝、鼻底。平铺上身肤色，平铺底裤颜色。

加深纱裙的暗面，画出鞋的暗面，注意留白。

平铺的方式画出音色项链的黑色轮廓和裙子的黄色条纹。

画出金属条纹的暗部，加深明暗对比。在黑色项链上面点高光。加深纱裙暗部，注意金属条纹的轻重疏密变化。

继续加深服装的暗部，加深外形线。纱裙外形线用铅笔勾勒，突出薄透的特点，深色服装交界的头发发丝用高光笔勾线。用高光笔点金属条纹的亮面，使它有闪片的效果。

继续加深所有的暗部以及用高光笔绘出金属条纹的亮面。

FLOWER FAIRY

● **工具**

电脑
手绘板
板绘笔
绘图软件 SAI

● **小贴士**

- 建议选择与服装颜色相对应的蕾丝底色图片。此作品选用的蕾丝图案底色为紫色，所以覆盖后与服装色接近，并不会出现变色情况。
- 找不到合适的蕾丝素材，可以用"铅笔"工具按照蕾丝花型自己勾勒。

色调：□ ▨

选用"铅笔"或"马克笔"，以深灰色或黑色勾勒服装轮廓。线条尽可能流畅，自然过渡，切忌来回描线，尽量一笔到位。细节刻画到位，人物形态自然。

新建图层，选用正片叠底的混合模式。工具选用"喷枪"或者"马克笔"，大面积铺涂浅色肤色。结束后选取深肤色，进行皮肤阴影部分的刻画。最后选取白色，进行高光部分的处理，整个过程使得肤色通透有质感。

3

对人物形象进行刻画，深棕色混合淡紫色的眼影，诱惑的红唇。

4

新建图层，选用正片叠底的混合模式。这一步是整体服装颜色的基础。用"马克笔"大直径进行涂抹。颜色选取淡蓝色和淡紫色，切记不可过深，以轻薄色为主，明度高不要灰。先大面积铺淡蓝底色，在此基础上增加淡紫色。

5

在第四步的基础上，增加服装阴影效果，用小直径笔刷选取比蓝紫色更深、灰度更高的颜色，对褶皱部分、衣服边缘和裙子底摆进行深入刻画，增强面料层次感。

6

搜索蕾丝纹样素材，以图片的形式复制到图层里。纹样大小必须覆盖整件服装。选用覆盖的混合模式。利用工具"橡皮擦"将溢出服装部分的蕾丝图案全部擦掉，保留需要的部分即可。

新建图层，选用正片叠底的混合模式。笔刷"马克笔"选取浅棕色对人体发色进行涂抹，笔刷改小直径，用深棕色对阴影部分进行刻画，凸显立体感和层次感。头饰选用淡紫色和淡黄色。

新建图层，选用正常的混合模式。在人体完成的基础上，用"铅笔"工具画出头纱。用"喷枪"工具选取非常浅的灰色，稍作阴影处理，增加头纱厚重感和透视感。

在头纱完成的基础上，勾勒几只与服装颜色一致的蝴蝶，使得整体造型饱满，增加闪光点，颜色相互辉映。

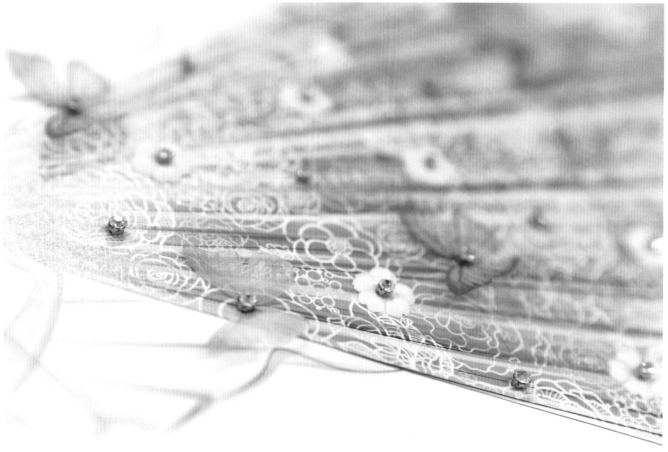

DREAMLINES

● **工具**

电脑
手绘板
板绘笔
绘图软件 SAI

● **小贴士**

- 礼服上身蕾丝的绘制是此类效果图的关键部分，需要对于明暗及阴影有一定的理解和认识。如底色过白则绘制不出蕾丝纹理，过深则与实物颜色相差太远。恰到好处的浅灰色线条勾勒，使得平面的纹理凸显立体感，真实美观，细节处精致有感染力。
- 线描稿的绘制是服装效果图的基础，线条的流畅度非一日练成，需要多次的尝试和练习，一张完美的服装画从比例到线条到上色，都是需要用心练习的。

色调: ■ ■ ■

选用"铅笔"或"马克笔"，以深灰色或黑色勾勒服装轮廓。线条尽可能流畅，自然过渡，切忌来回描线，尽量一笔到位。细节刻画到位，人物形态自然。

2

新建图层，选用正片叠底的混合模式。工具选用直径略大的"喷枪"工具，以浅灰色对女士礼服进行大面积上色，以上身为主，为第三步画蕾丝做铺垫，下半身暂时留白。上色结束后将"喷枪"工具换成小直径，以深灰色对阴影和褶皱部位进行立体效果刻画，增加服装立体感。后选取白色对亮部进行处理，增强色彩对比。

3

新建图层，选用发光的混合模式。工具选用"笔"，以白色在礼服上半身绘制蕾丝图案，画出流畅的线条和清晰可见的图案。蕾丝纹样可参考网上的蕾丝素材图片。

4

新建图层，选用正常的混合模式。选用"铅笔"，小直径，浅灰色。在步骤三的基础上，对蕾丝图案进行刻画，主要目的凸显蕾丝真实感和立体感，刻画细节参考图片。对蕾丝的一侧进行勾勒会有更加明显的效果，此步骤需要对物体阴影有认识和理解。

5

新建图层，选用发光的混合模式。选用小直径的"马克笔"工具，用白色顺着衣服褶皱和纹理对服装高光部分进行刻画，增加整体层次感，使衣服更加轻薄通透。

6

新建图层，选用正片叠底的混合模式。浅棕色打底大面积上色，小直径的笔刷深棕色进行细节刻画，线条按照发型的方向走，自然流畅地刻画发型。

7

网络上找到蝴蝶素材（或自己手绘蝴蝶），复制粘贴到画面上，选择模式"正片叠底"，调整每只蝴蝶的大小和方向，这一步骤要有耐心，把每只蝴蝶添加到合适的位置。蝴蝶的颜色不可过多，否则会造成画面凌乱。

在适当部位增加浅灰色阴影，调整整体画面的大小、人物的位置等，擦去一些画多余的线条等，完成整幅作品。

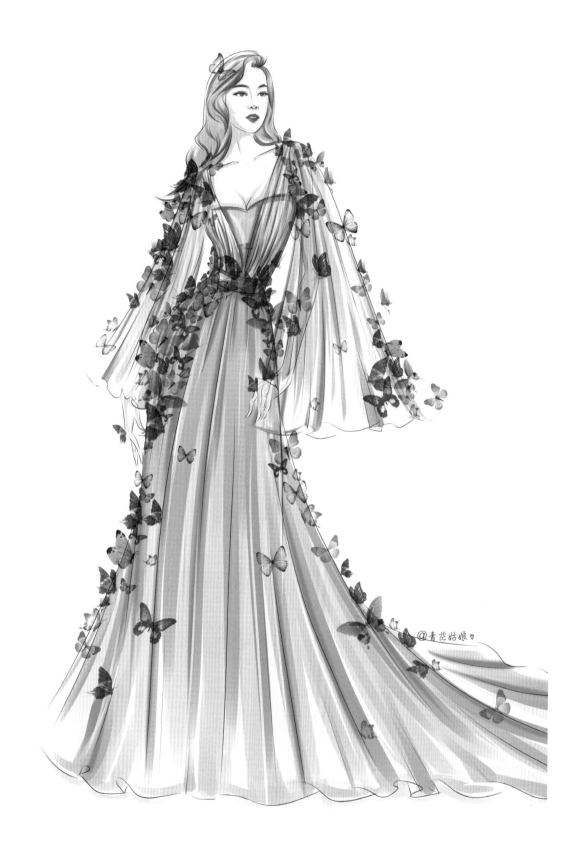

PINK ONE-PIECE

● **工具**

普通 80g/m² A4 打印纸
0.5mm 自动铅笔
橡皮
樱花牌 0.1 针管笔
秀普牌第 7 代 218 色马克笔组合

● **小贴士**

● 注意马克笔的叠加效果，浅色区域不要超过两遍叠加，保持一定的亮度。

色调：

画出 10 头身人体模特造型。

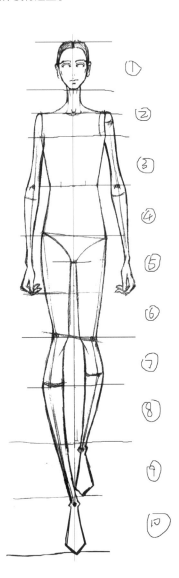

勾勒出服装的廓形，抓准结构的比例关系。

整理铅笔线稿，将褶皱细节描绘清楚。

用针管笔勾勒出五官细节及整体结构造型。

5

假设光源在左上方，用肤色马克笔由浅至深将皮肤明暗关系初步确定好。使用浅粉色马克笔铺出服装的亮面，以同色系低明度的粉色马克笔塑造服装暗部，使暗部与亮面形成明暗对比。

6

用同色系明度低的粉色马克笔加深服装暗部，与亮面拉开明暗对比。

用比亮面颜色深一度的马克笔铺涂服装过渡面，让服装明暗关系更
合理；铺出头发及鞋子的明暗面，将投影画好。

深入刻画五官细节，准确表达服装投射皮肤上的阴影，再用马克笔
和高光笔塑造面料肌理，注意点点的走向与衣身褶皱的走向应保持
一致。皮肤的明暗关系进行最后的细致调整。

FISHTAIL DRESS

● **工具**

Canson The Wall 牌 220g/m² 纸张
Copic 牌马克笔
Faber Caslell 牌 0.03mm 铅笔
Copic 牌 0、0.03、0.05、1 勾线笔
Acrylic Amsterdam 牌深金色画笔

● **小贴士**

- 如果需要获得自然流畅的叠色效果，请使用马克笔的粗头部分。
- 在墨水干透之前快速涂画。
- 先画浅色再画深色。

色调：■ ■ ■

用铅笔素描使用 Copic 马克笔 E000 号浅土黄色添加基本色调，使用 E00 号浅肤色和 E13 浅日晒色添加阴影。

用 E11 号大麦米色为头发上色，用 E49 深棕色加强阴影部分。

绘制礼服，并用灰色调（C8 色调）填充所有区域。 用 0.03mm 的
勾线笔描绘细节，使用唇色专用的 E20 号和 E04 号马克笔填涂嘴
唇部分。

4

开始用 100 号黑色马克笔绘制裙子。

5

请注意鱼尾部分不需要上色。

6

为服装整体上色，并将阴影部分填涂两次。

使用马克笔 Y06 号明黄色画出蕾丝花边，用 Copic 牌 0.05mm 勾线笔添加细节。

用丙烯颜料继续点缀蕾丝，然后用勾线笔加强质感的体现。

BLOUSE WITH A-LINE SKIRT

● **工具**

Canson The Wall 系列 220g/m² 纸
Copic 牌马克笔
Faber Caslell 牌 0.03mm 铅笔
Copic 牌 0、0.03、0.05、1 勾线笔
漫画专用混色笔
漫画专用白颜料

● **小贴士**

• 注意绘画裙子投影出的阴影。
• 为了平稳过渡颜色，请使用马克笔专用的混色笔。

色调：■ ■ ■

铅笔起稿，用 Copic 牌马克笔 E11 号大麦色，E13 浅日晒色铺涂基本色调。使用 E79 号腰果色加深阴影部分。

用 C8 号灰色调马克笔为女性衬衫上色，使用勾线笔勾勒出细节。

3

用 C8 号灰色调马克笔填充整件服装。用 E79 号腰果色为头发上色，接着以 0.03mm 勾线笔补充细节。用 E20 号唇色填涂嘴唇部分。

用 100 号黑色马克笔画裙子。用 E43 号象牙色为裙子浅色部分上色，用黑色马克笔在衬衫上加深阴影。

5

画鞋子，并在裙子上用 E59 号棕色加深阴影。

 6

为圆领上衣上色。

FISHTAIL DRESS IN SIDE-VIEW

● **工具**

Canson Moulin 牌 du Roy 系列 300g/m² 纸
铅笔
橡皮
温莎牛顿牌、凡高牌和施米克牌的水彩颜料
丙烯酸
温莎牛顿牌画笔 00 号、2 号、3 号

● **小贴士**

- 用浅色调开始绘画，然后再添加阴影部分。
- 注意留白。

色调：■ ■ ■

用 Schmincke 230 号橙色铺涂底层肤色。使用棕色色调勾勒皮肤轮廓。注意空出眼睛和嘴唇的地方，暂时不用上色。

头发使用黄色和棕色色调。第一层颜色阴干后，添加细节。

3

开始绘制礼服，使用灰色调作为基本色。

4

开始用 100 号黑色马克笔绘制裙子。

5

请注意鱼尾部分不需要上色。

6

除了蕾丝花边外，为服装整体上色。

7

使用小刷子添加所有细节。

8

添加黄色蕾丝完成细节，对于这部分可以使用黄色、赭石色和丙烯酸。

BLACK DRESS

● **工具**

Magnani 牌纸张
铅笔
温莎牛顿牌水彩颜料

● **小贴士**

- 混合黄赭色、镉红色和紫罗兰色调配出身体的肤色，或使用梵高牌水彩中的 224
  色和 Schmincke 牌中的 230 色。
- 最好用 100% 纯棉热压纸张。

色调：□ ■ ■

 1

绘制基础的人体造型。

 2

画出服装的大体轮廓。

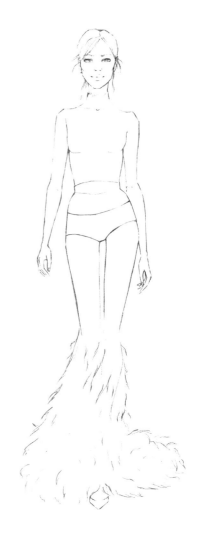

添加基础皮肤颜色，注意明暗关系。

画出底层贴身的衣物，添上头发和妆容。

先画出拖地的下摆，画皮毛类要记得顺着
毛的生长方向画。

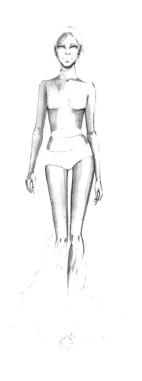

画出透视感的下装，自然地露出底层的肤
色。

从下而上地画出整套透视装。

RED DRESS

● **工具**

Magnani 牌 300g/m² 纸张
Faber Castell 0.03 自动铅笔
橡皮
温莎牛顿牌水彩
温莎牛顿牌水彩画笔
水彩调色盘

● **小贴士**

• 为了增加服装的分量感，需要画出光影关系，靠近正前方的面会较亮。
• 为了用一种色调提亮一个区域，可以用干净湿润的笔刷晕染。
• 红色裙子可以使用绿色来添加阴影。

色调：■■

用铅笔画草图，画出衣服的轮廓。

增加皮肤的基本颜色，注意明暗关系。

3

添加头发颜色。

4

衣服的底色是红色的，先添上简单的颜色。注意衣服的底部应该在这个步骤中应保持浅红色。

5

完成服装，展示丝绸的光泽，添加妆容、头饰和耳环。

6

在裙装下摆增加绘画深度。

7

增加衣服的细节。

8

气球是用来装饰的。

BLUE BOUFFANT SILHOUETTE

● **工具**

Magnani 牌纸张
铅笔
温莎牛顿牌水彩颜料

● **小贴士**

● 绘制模特的时候，你可以加一点橙色或粉色的水彩颜料在脸颊和鼻子上，这样会让模特看起来更加真实。

● 为羽毛上色时，先画一层底色，再用干燥的笔刷添加细节。

色调：■ ■

用铅笔画插图，画出衣服的轮廓。

添加皮肤的基本颜色。

3

注意肤色的明暗关系。

4

添加皮肤阴影，腿的肤色要比上肢深。

5

勾勒模特的线条，使她看起来更立体。

6

为头发上色并补充妆容。

7

服装的基本颜色是蓝色的，先画上身浅蓝色的部分，再在衣服的底部增加深度。

8

从上到下，由浅到深地绘制毛茸茸的裙子下摆，记得要按羽毛的生长方向来绘画。

GREEN DRESS

● **工具**

普通 80g/m² A4 打印纸
0.5mm 自动铅笔
橡皮
樱花牌 0.1 针管笔
秀普牌第 7 代 218 色马克笔组合

● **小贴士**

• 绘制细网格时，根据纹路的形体走向画出弧度，切忌全画直线。

色调：▨ ▨ ▨

使用自动铅笔画出 10 头身的模特，注意重心在右脚，初步刻画手脚的细节造型。

使用自动铅笔依据人体模特的形体画出衣服的款式和细节造型，每一个地方都需要相对应的呈现。

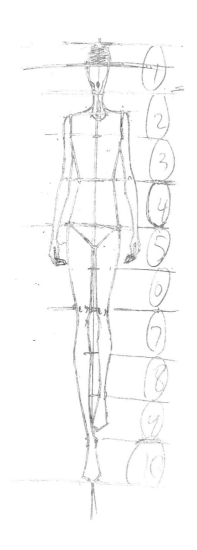

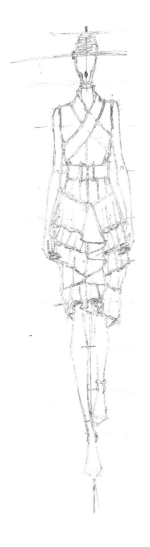

3

使用针管笔在上一步雏形的基础上，更加
详细精确地勾线，使服饰的细节更加具体
地呈现出来。

4

使用马克笔画出肤色，先从暗部颜色画起，
适当留好亮部的区域。注意分析明暗的形体
表达。

5

选好马克笔相应色号画出衣褶的形体，根据
左边的光源区分出大的明暗，画出细节衣褶
的体积与转折。

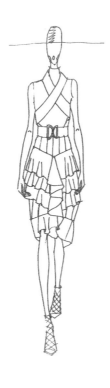

6

加强明暗的对比，更详细地表达衣褶以及
投影的具体形态。

7

用针管笔画出网格丝网的形，不能画太着
急，下笔前要看清楚方向，适当画出弧度。

8

最后画出其他的细节，更完整呈现全面的效
果图。

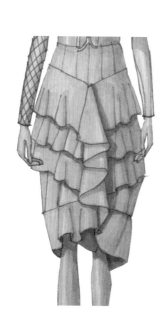

CHIC STYLE SUIT

● **工具**

速写本
铅笔
iPad Pro
Adobe Draw 软件

● **小贴士**

● 板绘可以随心所欲地尝试不一样的工具和混合模式。

色调： ■

用铅笔画出模特，将草稿扫描下来，置入 Adobe Draw 软件内进行数字化处理。添加基础的颜色。

导入 Adobe Draw 软件，以高精度的线条重新描画。

3

用平铺的方式在不同的图层上基础色。

4

用深色和浅色的混合形式添加阴影层和高光层。

5

画出服装的轮廓。

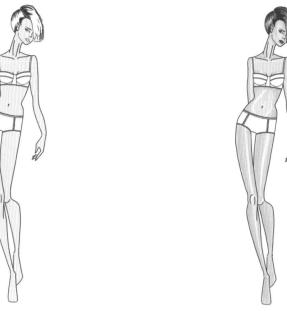

6

给布料平铺颜色。

7

重复第四步，添加阴影和高光。

8

添加布料质感素材和完善细节，调整图层透明度，完成绘画。

BACK OUTFIT

● **工具**

速写本
铅笔
iPad Pro
Adobe Draw 软件

● **小贴士**

- 绘者在绘画电子板绘时，喜欢先平铺颜色。接着运用不同的颜色和改变笔触的角度画出阴影和高光。
- 服装上的细节非常重要，绘画的时候可以通过不同的笔刷、线条、颜色和改变笔触的角度来取得创作乐趣。

色调：■ ■

画出时装模特，先把她设定成全裸当做身形轮廓的模板。

为模特涂上基本的肤色和发色。

3

新建图层，画阴影层和高光层。

4

画出服装，用简单快速的线条构成理想的服装设计。

5

重新完美地为服装勾线，用基础颜色填涂好服装图层。

6

为外套叠加一些纹路，让它看起来更接近布料。

7

用不同的笔刷绘制阴影，调节图层透明度和使用混合模式。

8

使用白色来为服装点上高光，增强立体感。

COLORFUL SWEATER WITH RED PANTS

● **工具**

马克笔专用纸
铅笔
秀普牌通用 120 色马克笔
慕娜美牌 36 色水性纤维勾线笔

● **小贴士**

- 要从全局出发，注意人物比例动态的协调性，找准人物的重心和对称性。以重心平衡来决定动态，人在不同状态的站姿下，肩斜线和腰线的关系，两个膝盖的高低都是要重点考虑的方面，这样才能保证整个画面的协调和完整。
- 男性模特脸部没有明显的化妆品，所以只需用棕色系列的马克笔绘画眉毛以及眼部。当然眼窝、眼尾、眼袋的刻画都缺一不可。只是相较女性模特没有那么浓郁的色彩。
- 一定要考虑到人的上臂是圆柱体，前臂是圆锥体，肋骨骨架是梯形盒状体的人体结构来绘制条纹在人体上明暗关系。加深暗处，亮部可适当保留之前铺的底色。

色调：■ ■ ■ ■ ■

绘制基础的人体线稿。男性和女性形体有明显的比例变化。主要的区别在骨盆上，男性比女性的骨盆窄而浅，男性的肩部更宽，骨骼和肌肉比女性更加丰满结实。所以在绘制男性服装人体时，一定要注意这些与女性的区别。

绘制服装效果图线稿。男性的眉毛更为粗黑浓重，眼睛偏圆润。所以整个画面的绘制是要采用更加粗犷豪放的笔触来表现男性。另外此模特穿着的彩条毛衣前胸有老虎提花图案，在打线稿时也要把图案画好，位置找准。

3

整个头部，包括五官都按照圆球状的结构来绘画。用浅肉色的马克笔使脸部重点的阴影部分加深，其余高光部分留白即可。鼻子底部的阴影和最下部的阴影是重点绘制区域。用唇本身的颜色表现嘴部，加深唇裂线和嘴角的凹痕即可。男性模特一般都是短发，长发和短发的处理方式都是一个道理，分好发群，加深光源照不到的暗部，亮部留白即可。

4

彩条毛衣首先得选择好淡黄、淡橘、浅红、淡粉、浅紫、群青、天蓝、淡蓝、草绿、翠绿的各色马克笔按照纹路横向画出毛衣的条纹，要考虑条纹在人身体上的起伏，而非一条直线。此步骤颜色平铺即可，不用考虑明暗关系。同时给前胸的老虎提花图案大体上底色。而红白相间的扎染牛仔裤，按照不规则的图案位置用浅红色画红色的部分，用不规则的线条打底，表现扎染的不规则肌理性。亮处暂时全部留白。

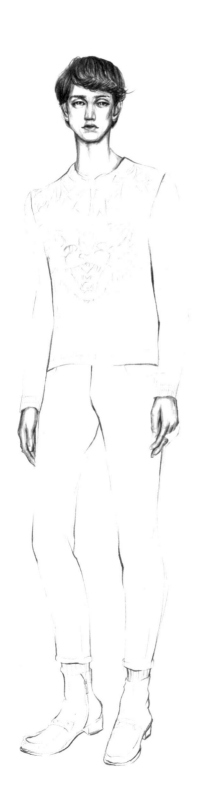

根据服装在人体上的明暗关系加深对彩条毛衣的刻画。采用平面图案的绘制方法画前胸的老虎图案，用黑色勾线笔精致勾勒老虎的五官、牙齿和胡须等处。颜色要饱满丰富。而前领的烫钻蝴蝶结则需用黑色勾线笔以画小圆圈的方式平铺上色，肩部的绣花图案用绿色和土黄色系马克笔平涂。同时用红色加深扎染牛仔裤的深处部分。

在画好条纹毛衣的明暗关系后，主要着重处理毛衣的领子与身体主干的关系以及腋窝处，袖子和身体主干的汇合处以及围绕着手臂的袖口处。可以用深灰色的马克笔加深这些区域阴影处的描绘，加深毛衣整体的立体关系。用深红色勾线笔以不规则的线条方式画裤子的深色部分，用浅粉色和浅肉色的马克笔逐步点缀裤子的亮色部分，一定要画得不规则，以体现牛仔裤的扎染效果。

皮鞋的绘制要根据皮革的特性，找到皮鞋暗部加深，亮部用浅灰色表现。同时根据皮鞋上的褶皱将暗部加深，亮部留白。而皮鞋上的拉链、五金环扣也要根据明暗关系用黄色和棕色马克笔和勾线笔表现。采用棕色的细勾线笔按照人体和服装的重点区域勾勒整个人体的内、外轮廓。注意虚实结合，线条不要勾得太死。

用白色的高光笔对整体画面需要提亮的部分提亮。比如前领口的烫钻蝴蝶结，前胸刺绣图案的亮部，但都是细小局部的点缀，不要喧宾夺主。同时扎染牛仔裤的亮部用白色高光笔不规则的点缀绘画，突出肌理性。最后用深灰色马克笔勾勒半侧身体的边缘线，同时铺一些淡灰色背景，衬托五彩毛衣和红白扎染裤子的丰富色彩。最后完成画面。

HOUNDSTOOTH COAT

● **工具**

获多福 300g/m² 细纹（普白）
达芬奇 418 系列 0 号笔
Habico 116 系列 2 号笔 6 号笔
Copic 0.03 棕色针管笔
荷尔拜因彩铅
辉柏嘉骑士油性彩铅
施德楼 925-25 系列 0.3mm、0.7mm 自动铅笔
蜻蜓细节橡皮擦

● **小贴士**

• 为了避免毛笔吸水过多，可以用纸巾吸一点笔根处的水从而控制毛笔的吸水量。

色调：□ ■ ▨

使用 0.7mm 的自动铅笔画好 9 头身的人体轮廓。

再根据人体结构，绘制着装，使用 0.3mm 的自动铅笔刻画面部细节，并对其他部分进行细致刻画。

3

使用 0.03 棕色针管笔对眼睛、鼻子、唇中线和露出的手勾线。

4

用浅肤色采用平铺法，为面部（注意留出鼻子的高光）和手部上第一层色（留出高光的地方）。

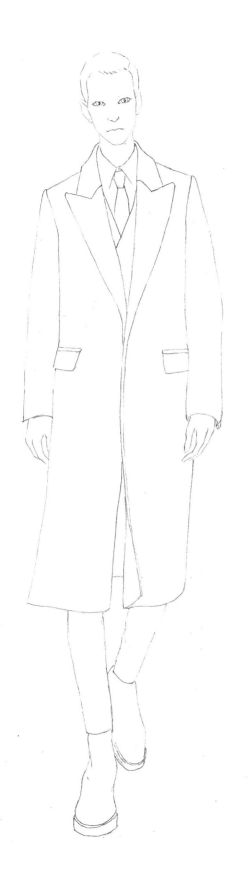

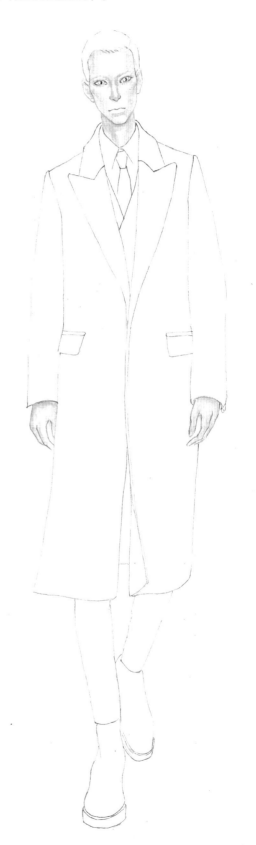

用佩恩灰加大量水，采用平铺法，将整个大衣统一着色。先用浅灰色给领带、背心和裤子上底色，等颜色干透后，再用更深的黑色采用叠色法加深暗部。

6

调出更深的肤色，使用叠色法对五官的暗部进行刻画，用棕色加少量灰色画上胡须，再给服装的暗部着色，用浅灰色给皮靴以及头发铺底色。

再次加深大衣、领带和背心的暗部，用小笔点出背心的质感，用黑色油性铅笔加深裤子、皮靴和头发的暗部，皮靴的亮部用白色油性铅笔着色。

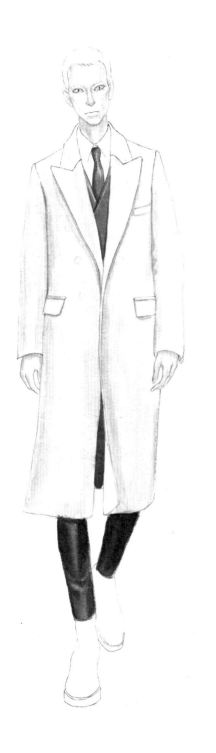

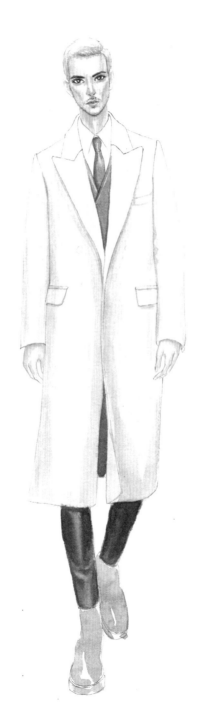

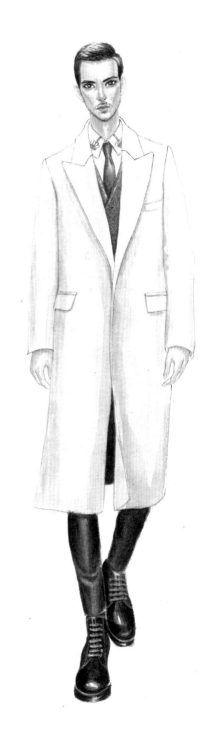

用 0.03 的黑色勾线笔画出千鸟格。

画上衣扣，并对细节进行调整，完成画面。

WINE RED MEN'S SUIT

● **工具**

获多福牌 300g/m² 细纹（普白）
达芬奇牌 418 系列 0 号笔
Habic 牌 116 系列 2 号笔 6 号笔
Copic 牌 0.03 棕色针管笔
荷尔拜因牌彩铅
辉柏嘉牌骑士油性彩铅
施德楼牌 925-25 系列 0.3mm、0.7mm 自动铅笔
蜻蜓牌细节橡皮擦

● **小贴士**

• 晕染法：用一只笔蘸取颜料上色，趁颜料未干，迅速地用另一支笔蘸取清水将边缘打湿，会自然晕开颜色。

色调：□ ■

 1

使用 0.7mm 的自动铅笔起好 9 头身的人体轮廓。

 2

再根据人体结构，绘制着装，使用 0.3mm 的自动铅笔刻画面部细节，并对其他部分进行细致刻画。

3

使用 0.03 棕色针管笔对眼睛、鼻子、唇中线、露出的手和腿进行勾线。

4

用浅肤色采用平铺法，为面部（注意留出鼻子的高光）和手部上第一层色（留出高光的地方）。

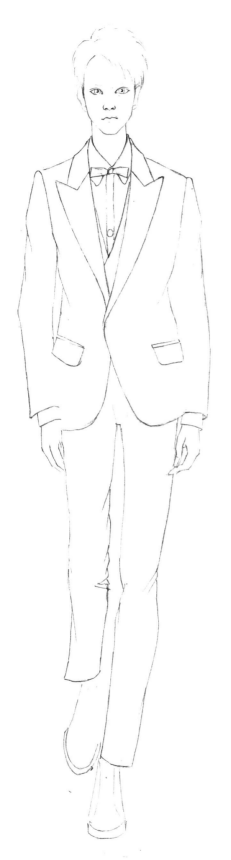

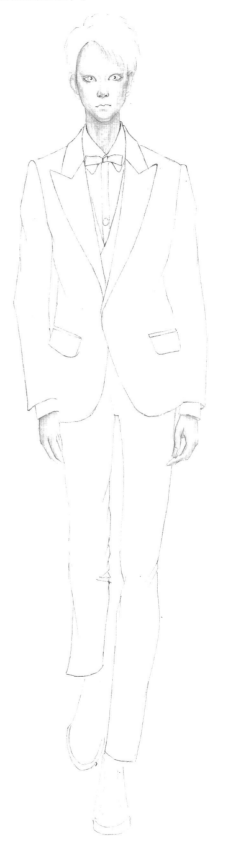

5

用赭石加红色加紫色调色（颜色尽量调多一些），采用平铺法，将整个服装统一着色。

6

等颜色干透后，调出更深的颜色，使用叠色法对五官的暗部进行刻画，再给服装的暗部着色。

7

再用上面调出的酒红色加黑色调出牛奶般浓度的颜色，准备两支笔，一支笔作上色用，另一支笔蘸取适量清水作晕染，在衣服的暗部上色，并用另一支笔迅速地在上色的边缘作晕染。并用平铺法给头发上底色。用佩恩灰加大量水，给衬衣的暗部着色。

8

继续进行上一步完成上色的着色，用更深的颜色给头发上色。

 9

继续采用晕染法完成西裤的着色，并对细节进行调整。

BLACK SUIT

● **工具**

180g/m² 纸张
辉柏嘉牌铅笔
Copic 牌勾线笔 SP0
温莎牛顿牌自来水毛笔
理查斯特牌马克笔

● **小贴士**

• 在这个服装手绘作品中，铅笔只用来添加服装的细节、阴影部分和高光部分。

色调：□ ■

用铅笔起草模特造型和服装轮廓。

用勾线笔勾勒出脸部、身体和服装的轮廓。

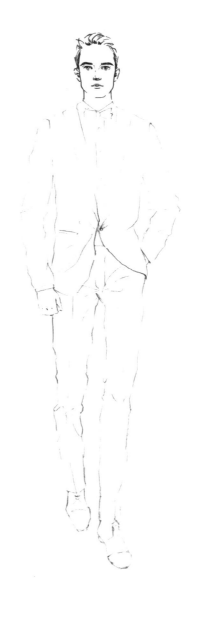

3

涂上皮肤和头发的基础色，皮肤使用 E000 号浅肉色，而头发则使用 O427 号红棕色马克笔。

4

添加阴影。这些是皮肤和头发的深色部分，以及嘴唇底下、鼻子、下巴、眼窝和发际线。

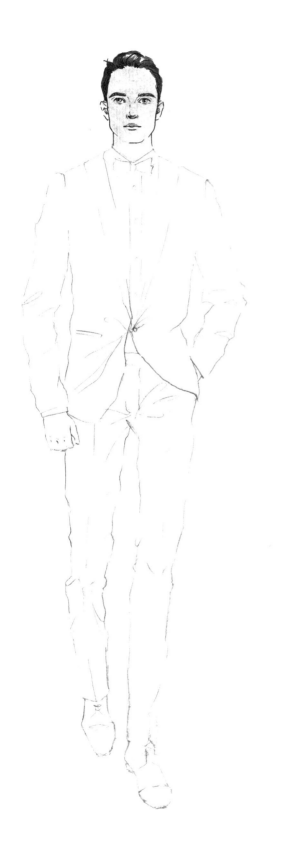

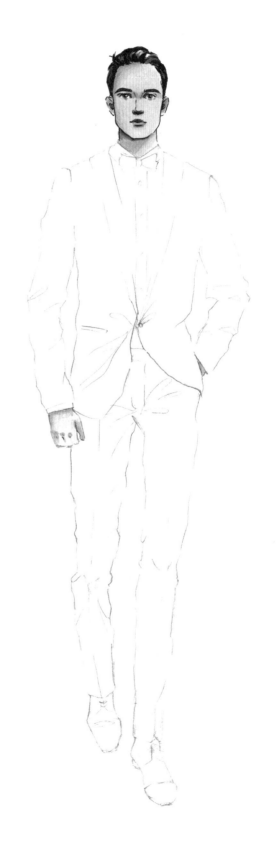

铺涂布料的第一层颜色。用浅色的马克笔画西装的阴影，例如 CG5 号浅灰色马克笔，突出裤子的褶皱。

在外套和裤子的褶皱处添加阴影，使用颜色 XB 号黑色马克笔和 CG5 号浅灰色马克笔。

画出白色衬衫的阴影和西装领子的阴影，用 Promarker 浅灰，用勾
线笔画出纽扣和衣领。

画出黑色皮鞋，记住留出白色高光部分。

GREEN CHIFFON DRESS

● **工具**

180g/m² 纸张
辉柏嘉牌铅笔
Copic 牌勾线笔 SP0
温莎牛顿牌自来水毛笔
理查斯特牌马克笔

● **小贴士**

• 先用铅笔起草再用马克笔上色非常方便。马克笔明快的颜色非常讨喜，画阴影的时候可以用铅笔。

色调：□ ▓

用铅笔起草模特造型和服装轮廓。

用勾线笔勾勒出脸部、身体和服装的轮廓。

3

图上皮肤和头发的基础色，皮肤使用 E000 号浅肉色马克笔，而头发则使用 BR61 号玫瑰棕色。

4

添加阴影。这些是皮肤和头发的深色部分，加深嘴唇底下、鼻子、下巴及眼窝和发际线。

5

铺涂布料的第一层颜色。用肤色的马克笔画阴影，例如 O729 号浅肤色，再用 BR50 号棕色画头发。

6

在裙子的褶皱处添加阴影，使用 G114 号浅灰色画出裙子透明的感觉。

7

用浅灰 3 号色马克笔画出白裙子的阴影。画出黑色皮鞋的时候，记住留出白色高光部分。

8

靠近腰部、袖口和底边的地方要画出透明蓬起像灯笼构造部位的阴影。

SHEEPSKIN COAT AND JEANS

● **工具**

180g/m² 纸张
Faber-Castell 牌铅笔
Copic 牌勾线笔 SP 0
Winsor&Newton 牌马克笔
Promarker Letraset 牌马克笔

● **小贴士**

· 使用三种颜色的马克笔绘制牛仔裤会使它看起来很真实，而羊皮大衣上的毛皮则可以用铅笔绘制。

色调： ■

画出人体模特和服装的铅笔线稿。

用 Copic 牌的勾线笔勾勒出脸的轮廓，用 Sketchmarker BR61 号玫瑰棕色马克笔和 BR50 号红棕色马克笔勾勒头发的轮廓。

3

铺涂肤色，用 Promarker O729 号浅肉色马克笔铺出皮肤的基本颜色，用 Promarker O518 号脏粉色加深皮肤的阴影。

 4

画出羊皮外套和衬衫的的第一层颜色。用 Promarker Y156 号向日葵黄色涂衬衫，用 Y418 号象牙白涂皮毛部分以及用 Y417 号黄油色涂羊皮部分。

 5

用 Promarker Y156 向日葵黄色加深羊皮的阴影部分，用 Promarker Y129 号肉粉色加深皮毛的阴影部分。

 6

用 Promarker C429 号浅湖蓝色和 O138 号浅桃色分别为牛仔裤和靴子上色。

 **7**

用 Promarker C528 号鸭蛋色在牛仔裤上加深阴影，用 Skethmarker O22 号深西柚色在靴子上加深阴影。

8

最后用铅笔添加质感。

JACKET AND SHORTS

● **工具**

180g/m² 纸张
Faber-Castell 牌铅笔
Copic 牌勾线笔 SP 0
Winsor&Newton 牌马克笔
Promarker Letraset 牌马克笔

● **小贴士**

- 皮肤和头发留白不上色可以让所有焦点都集中于服装上，而不是关心模特长什么样。
- 在这幅手绘作品里，铅笔的使用对于突出布料特性来说很重要，因为粗花呢布料看上去是由许多纺线交织而成。

色调：□ ■

画出人体模特和服装的铅笔线稿。

用 Copic 牌的勾线笔勾勒出脸和头发的轮廓，用黑色铅笔画出身体。

3

用马克笔 V546 号粉紫色铺涂外套和短裤的第一层颜色。

4

用 Sketchmarker 牌 V20 号深紫色为外套和短裤的褶皱部分加深颜色。

5

用 Copic 牌马克笔 E000 号浅肉色为上衣上色。

6

用 Promarker O819 号粉灰色为上衣添加阴影。

7

用红色马克笔为配饰上色。

8

用铅笔完成最后的修饰。

NUDE DRESS

● **工具**

铅笔
Copics 牌马克笔
W&M 牌自来水毛笔
辉柏嘉牌骑士彩铅

● **小贴士**

• 画裸色的诀窍是将模特皮肤和布料分出清晰的界限，突出透明感。可以用相同的色调画布料和皮肤，通过改变颜色的饱和度来表现光和影。
• 选择两种颜色相近但不同的颜色，上层透明的布料比肤色浅，画面像肤色透出一样就能形成轻透的布料质感。

色调：　■■

 用几何方块划分画出模特的姿态。

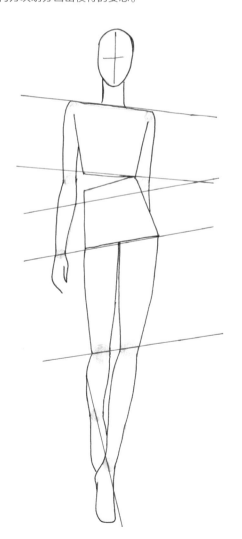

 画出线稿草图，将基本的轮廓定下来。

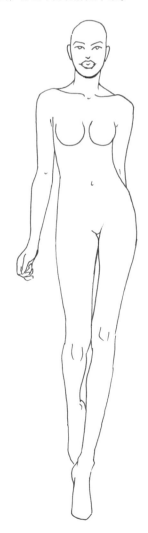

3

画出底层贴身的衣物，注意裙摆要跟着腿部起伏的线条来画。

4

为皮肤上色,画出初步的明暗关系。

5

因为这套是裸色的透视装，所以模特选用炫彩的发色可以为整体点睛。

6

皮包、高跟鞋和项圈等配饰都选用黑色。

7

为裸色的纱裙上色，注意保留清透感。

8

为纱裙添上波点花纹，前面的波点要实，后面映透出来的波点要虚。

BRACES SKIRT

● **工具**

A4 彩铅素描纸
0.5mm 自动铅笔
水溶性彩铅 72 色
直尺
辉柏嘉牌橡皮
樱花牌 01 勾线笔

● **小贴士**

- 画好模特的姿势是一幅好作品的基础，然后再根据人体姿态绘制出服装褶皱等细节。
- 给服装上色切忌一次到位，最好是逐层加深颜色，从而绘制出服装的立体感。

色调：

1 用勾线笔勾勒出服装的造型和模特的五官，标注出裙身褶皱的大致方向，注意落笔时要轻，线条要流畅。

2 用彩铅平铺人体肤色，注意高光和阴影的地方，加深塑造出立体感。

3

描绘妆容，眼妆和口红的颜色要相呼应，绘制头发的颜色，注意高光的地方，落笔要细腻，表现出头发的立体感。

4

用彩铅绘制裙子的底色，注意用笔的方向，将底色铺满整条裙子。

5

用深一个色号的彩铅对裙身进行第二次铺色，使裙身的整体色彩更加饱满。

6

加重裙身褶皱处的阴影，表现出连衣裙的立体感。

7

用彩铅绘制出裙身上的波点图案，注意波点的密集程度。

8

调整裙子的细节，调整裙子阴影部分的饱和度，完成裙子的绘制。

FUR JACKET, SKINNY FADED JEANS, BOOTS

● **工具**

80g/m² A4 纸
Copic 牌马克笔
彩色铅笔
高光笔
勾线笔

● **小贴士**

- 使用 Copic 牌马克笔的时候，应快速绘制，因为颜色会迅速干燥。
- 混合两种颜色时，先上柔和的颜色再混合较暗的颜色。如果两种颜色交叠的间隔时间太长，新一层颜色会分层非常明显从而变得不像混色。
- 注意光影关系，了解阴影相关的理论，好好规划哪些区域应该是亮面，哪些区域是暗面。

色调：□ ■ ■

 画出动作为手部插在外套口袋的人体模特以及她身上的衣服。

 为皮肤上色，添加面部细节。

3

因为牛仔裤的图层在外套和长靴底下，用蓝色加灰色画出牛仔布的水洗效果。

4

用棕色填涂靴子，再用深一号的棕色铺出阴影。

5

用暖灰色为外套上色，加深领子和袖子的颜色。

6

用暖灰色和棕色的彩铅为外套添上皮毛的线条，这些线条越丰富则越显得皮毛外套有厚度。

7

用白色高光笔为外套添上皮毛的高光线条。

8

用勾线笔勾勒出外套皮毛的部分线条，同时加深整体轮廓线。在牛仔裤上添加褶皱，尤其是膝盖的部分。

索引

P

彭鑫

微博：@fsinxpung

- 教师，同时还是时尚插画师和设计师。曾任教于多所服装设计工作室、机构、院校，教学经验丰富。

Q

青芒姑娘

微博：@ 青芒姑娘

- 婚纱设计师，微博时装手绘红人。

青衣布画

- 业余时装插画师，微博时装手绘红人。

V

Victoria Kagalovska

- 绘画教师，热爱时装手绘且乐于分享教学过程。

W

王秋玲

- 时装手绘爱好者。

Wanwisa Rianrungrueng

www.udemy.com/basic-fashion-illustration

- 时装插画师，线上有开设时装插画直播课程，对于服装手绘的基础知识有自己的见解。

Weronika Wojcik

www.instagram.com/weronikawojcikk

www.behance.net/weronikachrapczynska

- 时装手绘创作者，奇特的手绘风格与众不同。

Y

伊索

fuzhuangshe.cn

- 伊索是一所专注于培养优秀设计师的网校。从 2015 年开始在网络教学服装设计到至今，受众人数达到 6 万多人，为社会和企业输送了数百位优秀设计人才。

Z

张佳文

微博：@ 张佳文喵

- 服装手绘插画师，从业 3 年，现多为舞台剧进行服装设计。

致 谢

善本在此诚挚感谢所有参与本书制作与出版的公司与个人，该书得以顺利出版并与各位读者见面，全赖于这些贡献者的配合与协作。感谢所有为该专案提出宝贵意见并倾力协助的专业人士及制作商等贡献者。还有许多曾对本书制作鼎力相助的朋友，遗憾未能逐一标明与鸣谢，善本衷心感谢诸位长久以来的支持与厚爱。

投稿： 善本诚意欢迎优秀的设计作品投稿，但保留依据题材等原因选择最终入选作品的权利。如果您有兴趣参与善本出版的图书，请把您的作品集或网页发送到 editor01@sendpoints.cn